地雷処理という仕事

カンボジアの村の復興記

高山良二 Takayama Ryoji

★──ちくまプリマー新書

132

目次＊Contents

編集協力　莇田清二

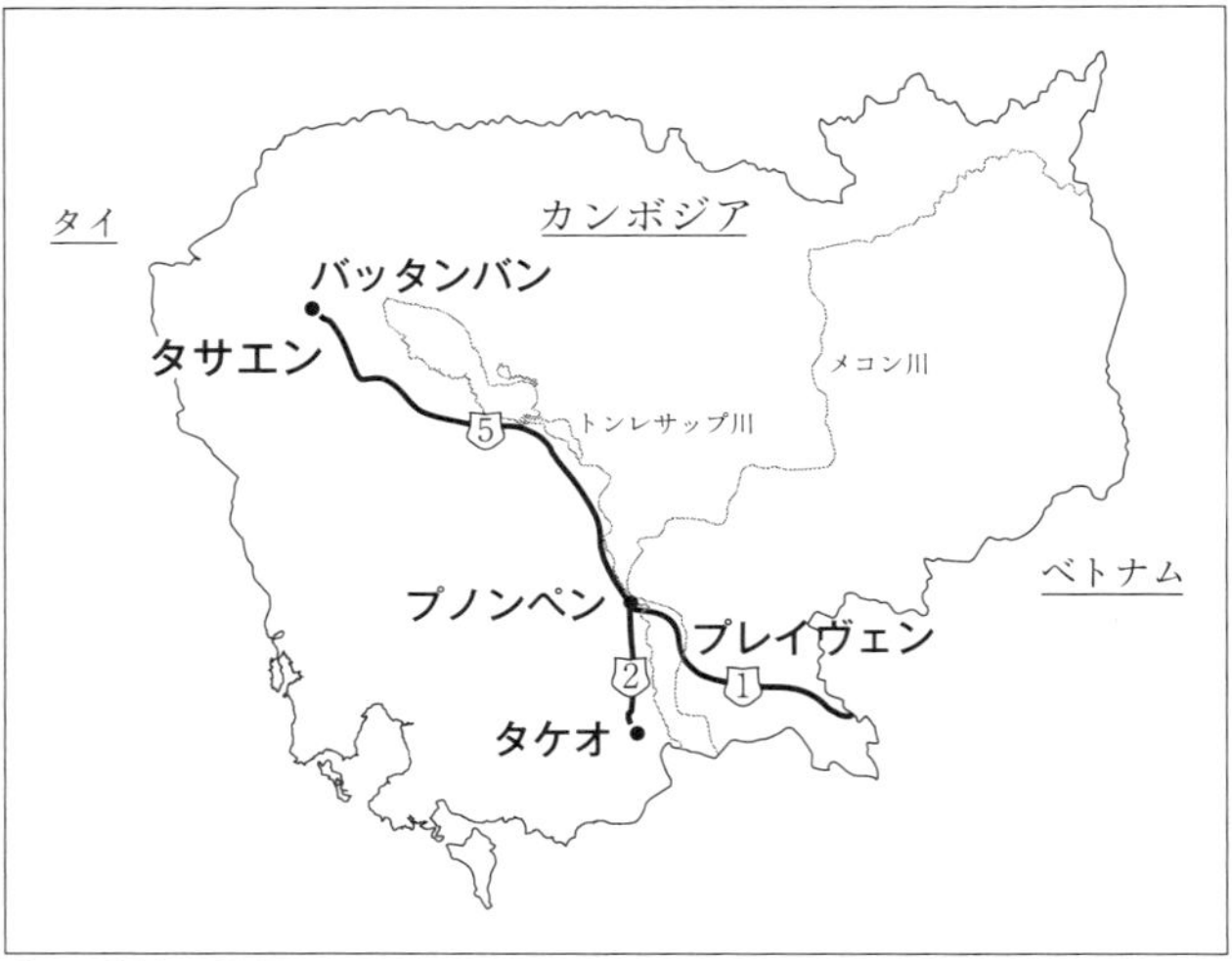

カンボジア地図

はじめに

「なぜ、高山さんはカンボジアに行くようになったのですか」と、よく聞かれます。

私は愛媛《えひめ》の田舎《いなか》の高校を卒業と同時に、一八歳で陸上自衛隊（陸自）に入隊し、以来、五五歳の誕生日に定年を迎えるまでの三六年余りを、陸自の施設科部隊に勤務し、そこで道路や橋の構築、地雷などに関する専門的な訓練をしました。

そして、１９９２年から９３年にかけて、陸自初の国際貢献活動、いわゆる、カンボジアＰＫＯに私もその一員として参加しました。そのＰＫＯ活動を終え帰国の途についた時、私は、飛行機の小さな窓から蛇行する赤茶けたメコン川やヤシの木が点在するカンボジアの国土を見ながら、「まだ、やり残したことがある」というような複雑な心境に駆られ「もう一度、ここに帰ってこよう」と思いました。あれから、一七年間、その思いがぶれることはありませんでした。

現在、日本のＮＧＯ（認定ＮＰＯ法人日本地雷処理を支援する会ＪＭＡＳ）の一員として、カンボジア北西部のタイ国境に位置する「タサエン」という小さな村で、住民九九名と共に、地雷除去の活動をしています。

定年後、陸自時代に習得した地雷を始めとする軍事的な能力をカンボジアで活かしたい、という思いが実現したのです。

地雷除去のような危険な活動は、訓練を受けたプロ集団が行うのが通常ですが、今、タサエン村でやっているプロジェクトは、住民を訓練して地雷探知・除去に参加してもらうことで、村人の貧困の解消や、地域の自立復興に繫《つな》げようとするものです。１９８０年代のポルポト軍、プノンペン政府軍、ベトナム軍などが入り乱れて戦った、いわゆる「カンボジア内戦」の跡地に残された膨大な地雷を、村人たちは、毎日懸命に取り除いています。そして、安全が確認された土地は村人に返され、畑として開墾されたり、道路や学校などの建設に使われたりします。私は２００６年6月来、この村に住んで、地雷処理専門家として村人たちと生活を共にしながら活動を続けています。

地雷原では、「地雷」という危険物と向かい合うわけですから、地雷探知員（デマイナー）たちの安全な作業を確認する気の抜けない活動になりますが、一旦作業が終ると、地雷原の近くに住んでいる子供たちが、「ター（私を村人みんなは、こう呼びます）遊ぼう！」と誘ってきたり、「ター　これをあげます」とデマイナーから地雷原でとれた竹の子をもらったり、また、「ター　今日は、日本語の勉強をしますか？」などなど、ホッとする会話が飛び交います。

「ター」は、「おじいさん」といった意味です。ですので、はじめは「ター」と呼ばれることに、ちょっと抵抗感がありましたが、今ではもうすっかり「タサエン村のター」になりました。

一日の作業を終え、車で村の中を帰っていると、「ター　ター！」と、ヤシの木の木陰から村人が手招きをします。何だろうと立ち寄ってみると、家の外で手作りの団子のような食べ物を焼いていました。早速ご馳走《ちそう》になります、「うん、チュガイナッ！（大変おいしいですね）」。宿舎に帰りつくと、今度は大家さんが、「ター　マオ　マオ（来なさい　来なさい）」と、裏のマンゴー畑から手招きをします。そして、握りこぶし二個ぶんもありそうな、美味《おい》しいマンゴーをむいて食べさせてくれます。「うーん　チュガイナッ！」と言って、両手を合わせて、満面の笑顔で応えます。

宿舎では、疲れた体を癒《いや》すのは、溜《た》めおきした水を頭からザブザブとかぶって、汗を流し、身体を冷やすことくらいです。そして、一息ついて、今度は夕方五時から、近くの小学校に行って子供たちに日本語を教えます。一時間の勉強もあっという間に終わり、ある時、「ター　これ上げます、食べて下さい」と何やら、ビニール袋に入ったものをもらいました。開けてみると、なんとそれは、ヘビをきれいに下ごしらえして、後は料理すればいいようになったものでした。宿舎に帰ると村人が料理をしてくれて、一緒に美味しく食べました。村人に聞くとそれは、コブラだったという話でした。

そんなふうに、一年のほとんどをカンボジアのタサエン村で暮らし、村人と一緒に地雷除去活動をしながら、年に二、三回一時帰国をして、講演などで、カンボジアの実情を日本の皆様にお伝えしています。その時に感じることは、私のような生き方にとても興味を持って下さるということ、また、地雷除去を実際にやっていることに、とても驚かれます。「命がけのお仕事を本当にご苦労様です」と、激励してくれます。この事業に携わることになった時、私は、ある方に「一命をもって、このプロジェクトを成功させます」と、言いましたが、地雷除去中に失敗して命を落とすことは、考えてはいません。基本をきちっと守っていれば、事故など起きないと思っているからです。

しかしながら、事業が始まって約半年経った2007年1月19日に、対戦車地雷の爆発事故で7名の隊員を失ってしまうという、余りにも悲し過ぎる事故を起こしてしまいました。今でも、この事故は、私がもっと気配りをして、修正事項を見過ごさなければ、防げた事故だったと思っています。それができなかった悔しさを今でも感じています。

事故で殉職した彼女らの活動を皆様にお伝えし、供養になればと思いました。そして、尊い命と引き換えではありますが、夢を諦《あきら》めなければ、カンボジアにも日本にも、安全で住み易《やす》い社会、人の優しい心が満ち溢《あふ》れた社会が必ず来ることを信じて、その「種」になれればいい、そのために命を使えれば、こんなうれしいことはないと思いながら、この本を書きました。

合掌

第一章　カンボジアへ

出発の朝

２００２年５月９日、五五歳の誕生日に私は三六年間勤務した陸上自衛隊を定年退官しました。

「さあ、これからはのんびり」という状況ではありません、三日後には松山空港からカンボジアに向けて出発することになっていたからです。

出発の朝、いつものように愛犬のマオと散歩に行こうとすると、普段は一緒に行かない家内が「私も一緒に行く」と珍しくついて来てくれ、みんなで散歩をするのがうれしいのかマオもはしゃいでいました。私も実は内心大変うれしかったのです。

「マオ……、明日から母さんに散歩をしてもらえよ」マオはわかっているのかどうか。

散歩のコースはいつもと同じ愛媛《えひめ》の総合運動公園周辺で、新緑が鮮やかな、思いがけずうれしい出発の朝となりました。

散歩を終えて、支度を整え、仏壇に線香をあげ出発の報告を済ませ、マオとロン（家内が飼っているうさぎ）にしばしの別れを言って家内と車で空港へ向かいました。国際線手続きのカウンターで荷物を預けたら、「かなり重量オーバーになり、お金が追加になりますがいいですか」との係員の説明。「どのくらいですか」と尋ねると、「約九万円になります」……。これでは人間より高くなると思ったがもうそんなことは言っていられない。海外に行くのは、これで三回目でしたが、一度はカンボジアＰＫＯの時、一度はツアー旅行で、実質的に一人で行くのはこれが初めて。預ける荷物の重量制限などまったく知りませんでした。なんとか搭乗手続きも終え、親戚《しんせき》、兄弟、親しい方々に見送られ、飛行機は松山空港を飛び立ちました。

飛行機の中で

この日をどれほど待っていたことか――１９９３年４月７日、カンボジアＰＫＯでの任務が終わり、ポチェントン空港（現プノンペン国際空港）を離陸して、眼下に広がるカンボジアの風景を見ながら、「もう一度ここに帰ってこよう」と心に決めてから一〇年の歳月が流れ、夢にまで見たカンボジアでの活動が実現しようとしているのです。

一〇年間、準備をしてきたことを、飛行機の中でひとつひとつ、私はゆっくりと思い起こしました。

ＰＫＯの時に悔しい思いをした英会話能力を上げようと、本を買ったり、英会話のテープを買ったりと、いろいろと試したのですが、どれも長続きせずその能力は全く上がらないままでした。「英会話教材収集家」と家内に馬鹿にされても事実なので反論もできません。定年の一年ほど前に、いよいよ何とかしなければと考えた末、「公文《くもん》の英語塾」に通い始めました。週に二回、自衛隊の勤務が終わった後に車で約五〇分かけて教室に通うのです。公文の先生に、「高山さんのレベルでは、中学一年生の最初からやった方がいいでしょう」と言われ、低いレベルと自覚はしていたものの、そのシビアな判定はさすがにショックでした。小学生や中学生と一緒に勉強することの気恥ずかしさもあったのですが、「カンボジアで活動するためだ」と思えば、その気恥ずかしさは乗り越えることができたのです。

歳のせいにするわけではありませんが、なかなか上達しない。そんな私にある時、先生が励ましの言葉をくれました。「高山さん、英語の練習は中の見えない湯呑《ゆのみ》に、少しずつ水を注ぐようなもの。どこまで入ったかは分かりませんが、たゆまず注いでいると、必ずある時突然水があふれてきます、それを楽しみに頑張ってください。」私の努力不足で未だに「湯呑の水」はあふれてきませんが、一年間教えてもらった成果として「英検三級」になんとか合格できました。

また、奈良東大寺の僧侶《そうりょ》の資格も得ました。知人から誘われ、カンボジアは仏教国だから、仏教のことを少しでも知っていたら何かの役に立つかもしれないという、やや打算的な考えだったのですが、ともあれ一番下の僧侶の階級をもらいました。そしてお坊さんでお経一つも知らないと格好がつかないと、東大寺で習った「開経偈《かいきょうげ》」「懺悔文《さんげもん》」「般若心経《はんにゃしんぎょう》」「廻向文《えこうもん》」「如心偈《にょしんげ》」の五つのお経を、自宅の仏壇で唱えるようになりました。おそらく私の先祖もびっくりしていることでしょう。

更には、愛媛県の生涯学習センターに通い、パソコンのワードやエクセルについても習いました。インターネットでのメールやウェブの検索などパソコンが使えるようにと、積極的に学習を進めました。

家族の理解も必要でした。特に家内には事あるごとに「カンボジアに行って活動する」と言い続けました。冗談にまぎらわせて「重いカンボジア病にかかってしまったので、これはカンボジアに行って治療しないと治らないよ」と。
家内の本音はもちろん反対でした。それに、時が経てばそのうち熱が冷めて忘れてくれるだろうと思っていたようです。私をカンボジアに行かせない口実に「お金はどうするのよ？老後はどうするの？　病院代はどうするのよ？」と言う家内に、「朝昼晩三食、ご飯が食べられるうちは、文句をいうな、食べるコメがなくなったら言え」と私は言いました、そして「私には、老後はない、病院には行かない」と。今考えれば、ずいぶんと無茶苦茶なことを言ったものだと、家内にはややすまなく思っています。

ともあれ、着々と準備を整え定年退官の時期が近づいたある日、カンボジアで地雷処理のNGOを立ち上げようと準備されている自衛官のOBがいることを知りました。早速活動への参加をお願いすると、「歓迎する。一緒にやろう。現地副代表としてやって下さい」との、願ってもないお言葉をもらいました。事が決まれば一刻も早く現地に行って活動をしたい。そうして定年の日を迎え三日後の出発となったのです。

ソウル、バンコクと飛行機を乗り継ぎ、もうそろそろカンボジアの上空だろうと思い、窓から下を見下ろすと――蛇行する赤茶けた川、点在するヤシの木、カンボジア特有の風景がそこにはありました。

一〇年前にカンボジアPKOの任務が終わり、帰国のため機上の人となった時、任務を果たし終えた安堵《あんど》感や、もうすぐ家族に会えるという喜びとは別に、「やり残したことがある、もう暫《しばら》くここに残してくれ」と叫びたかった。そんな「叶《かな》わぬ夢」を見ながら、「必ずもう一度ここに帰ってこよう」と思って目に焼き付けた、あの時の風景を食い入るように見ていました。

誰に約束をしたわけでもない、自分への約束を果たしたような思いで……。

飛行機は徐々に高度を下げ、トンレサップ川を、そしてメコン川を通過してプノンペンの街並みを見下ろしながら、ポチェントン空港に滑るように着陸しました。

窓から空港の施設を見ると、一〇年前、PKOで八三名を引率して到着し、大隊長に報告した時の建物もそのまま残っています。飛行機の外に出ると、ムーンとした暑さを感じました。その暑さは正にカンボジアでした。夢にまで見たカンボジアの地を、私は再び踏んだのです。

目に焼き付けたトンレサップ川

第二章　活動の立上げ

はじまりは不発弾処理

「カンボジア東部における不発弾処理事業に関する共同作業協定書」が、私たちＪＭＡＳ（認定ＮＰＯ法人日本地雷処理を支援する会、ジェーマス）と、カンボジアの地雷処理専門組織で政府機関の、ＣＭＡＣ（Cambodian Mine Action Centre カンボジア地雷対策センター）との間で取り交わされ、カンボジア政府から正式に承認をもらって活動の準備に入りました。

活動の現地は、カンボジア・プレイヴェン州。カンボジアでも貧しい州の一つで、東はベトナムに国境を接し、雨季にはメコン川の増水で田畑は水没し稲作にも大きな被害がでたり、日照りが続いて田植えにならないこともある、そんな地域です。またこの州はＣＭＡＣによる不発弾処理活動が手つかずで、不発弾の爆発による被災者が多く出ていました。

１９６０年代のベトナム戦争当時、北ベトナム軍は南ベトナムのホーチミンに進軍するための補給ルートとしてラオスやカンボジアの領土内を使いました。いわゆる「ホーチミンルート」です。南ベトナム軍を支援していた米軍は、北ベトナム軍の補給路を断つためにホーチミンルートを空爆などで攻撃しました。53万トンにもおよぶ爆弾を投下したとも言われています。もちろん陸上での激しい戦いも展開されたのです。プレイヴェンも正にそのルート上に位置していたので、大量の不発弾が残されたままになっています。

悪いことに貧困の村人たちは、乾季になると田んぼや空き地に転がっている不発弾を拾ってきて、鉄くず回収業者にそれらを売って現金収入を得て生活の足しにしていました。簡単な金属探知機を使って地中から金属を探している村人もいました。また、子供たちが興味を引くようなボール爆弾や擲弾筒《てきだんとう》がかなり多く生活する場所の周辺に転がっていて、それを遊びに使ったり、加工したりして、事故に遭《あ》い死亡したり、怪我をしたりする人が後を絶たない状況でした。

日本人一人

私はJMASの現地副代表という立場でしたが、最初の間は、関係者の日本人は私一人きり。正直やや寂しさもありましたが、やらなければならないことが多く、何から手を着けて

今も生活の場所に残る危険な不発弾

いったらいいかもわからない。活動するための具体的なことは、これから一つ一つ作りあげて行かなければならない状況でした。英語は苦手、カンボジア語もわからない私には、かなり厳しい状況でしたが、当時は、それが苦労だとは思いませんでした。無我夢中、試行錯誤でできることから、やっていったのです。

行動を共にするのは、運転手のソフィーと、通訳のケディー。二人とも実にいい青年で、通訳のケディーはプノンペン大学の大学院生。半日は大学で勉強をして、時間の空いた時に通訳の仕事をしてくれる。運転手のソフィーは元警察官。英語は少し話せたが、日本語は勉強中。

私の住む宿舎はプノンペン市内のはずれ、一人が住むには広すぎて落ち着かない。通りに面しているので、セキュリティーの面で夜は不安でした。

通常プノンペンの家々は頑丈な塀に囲まれていて、窓という窓には鉄格子があり、警備上の対策がかなり厳重にされていますが、ここは窓には頑丈な鉄格子はあったものの塀がなく、通りから簡単に敷地内に入れてしまう。それに、外国人に対しての犯罪もかなり多く発生していました。

仕事を終えて宿舎に帰る時間はいつも夜の一〇時くらい。私が二階の部屋に入るまでの間、ソフィーは車のライトを照らして待ってくれていました。部屋に入ったらすぐに鉄格子のあるドアに内鍵をかけて電気をつけるのですが、停電の日もあります。そんなときはローソクで過ごします。ただクーラーは使えないので正に蒸し風呂、それでも涼を求めて外に出る勇気もないので、ひたすらベッドに横になるのですがなかなか寝つけず、これにはほとほと困りました。

私たち、といっても当面は私一人きりのＪＭＡＳの事務所は、一緒に活動をするＣＭＡＣ本部の空き部屋の間借りで、電話も内線を借りていて、日本との連絡を取るのもひと苦労、

JMASの最初のプノンペン事務所

机もないのでメールを打つのも床に座っての作業です。少しずつ、最小限のリフォームをしたり、事務所らしく整えていくのですが、予想以上にお金がかかります。想定外の出費は「自腹」で立替えなければならず、手持ちの米ドルが早くも心細い。プノンペン市内の銀行に個人口座を作り、愛媛《えひめ》の自宅に「送金SOS」。ところが家内は、外国にお金を送ったことがないので送れないという。二男に手続きをするように頼んでなんとか米ドルを受け取ることができたのですが、慣れない海外でお金がないのは本当に心細い思いでした。

また、言葉がなかなか通じないことも心細い。簡単な英語での会話ならともかく、専門的な話になるとまるでお手上げ状態でした。

CMACとの共同事業ということもあり、その調整も大事な仕事なのですが、通訳のケディーがいない時に限って、重要な話が飛び込んできます。英語はネイティブなみというラタナCMAC副長官（現長官）の説明がヒアリングできない時は、紙に書いてもらうようにお願いする。それでもわからない単語ばかり。事務所に帰って辞書を引きながら訳したり、こちらから質問がある時には、パソコンを使って日本語を書き、それを英語への変換ソフトで英訳したりと、実に時間のかかるやり方をしなければなりませんでした。私の英語能力ではそうする以外に手段がなかったのです。

活動地プレイヴェン

試行錯誤での活動が過ぎる中で、不発弾処理の活動開始の日である、7月1日が目の前に迫っていました。早く現地プレイヴェンに行って活動のための宿舎兼事務所を探さなければなりません。

プノンペンから国道1号線を東へ。運転手はソフィー。通訳のケディーも同行しています。国道といってもセンターラインもなく、舗装もところどころ大きな穴があったり、また波打

雨季のプレイヴェンへ向かう道路

った路面のためにスピードは出せません。しかも1号線はかなりの交通量です。二時間かかって中間地点のネアルーンという町に着きました。メコン川を渡る船着場のある町です。乗船待ちの車に物売りのお姉さんや子供たちが群がりごった返して、その凄《すさ》まじさには圧倒されてしまいます。フェリーで対岸へ渡ると、そこからは1号線と別れてメコン川の堤防沿いの細いでこぼこ道を走る。所どころ舗装が残っているのですが、メコン川の水の力でかなりえぐられた状態になっていて、一歩間違えば車ごとメコン川に落ちてしまう。

「それにしてもこの道路は最悪だ」と思い、そして「果てしなく遠い所に来た」と私は思いました。ネアルーンからは人間の歩く速さと変わらない速度で車は走り、やっとプレイヴェンの州都に着きました。

プレイヴェンの現地宿舎兼事務所は、何カ所かの候補の中から、まずまずの条件のものが見つかり、ひと安心。すると、通訳のケディーが急に「タカヤマさん、明日大学の試験があるので今日のうちにプノンペンに帰っておきたいのですが」と言います。「ええ！　突然そんなのあり、何も言っていなかったじゃないの。これから契約書を作ったり大事な時に通訳なしでやれというの⁇」と思ったのですが、私はもう仕方ないと腹をくくり、ソフィーの車で帰すことにしました。どうにかなるさ……の心境でしたが、日本人は私一人きりの、言葉が通じない心細さをここでも味わうことになってしまいました。

さて翌日、CMACが作成した英文とクメール語で書かれた「宿舎借用契約書」に仮契約のためのサインをしなければなりません。契約書の英文を理解するほどの英語能力は、もちろん私にはありません。ケディーはプノンペンに帰って今はいない。困り果てて天を仰いだ時、「そうだ、プノンペンのケディーに電話しよう」とアイデアが浮かびました。電話通訳をしてもらって契約書の内容を理解でき、ようやく契約することができたのです。やれやれ……です。こうして心配していた宿舎の準備は整いました。あとは6月20日に日本から来る不発弾処理専門家の鈴木昭二さんを迎えて、7月1日、活動が無事に開始されるのを待つだけです。

鈴木さんは自衛官のOBで、昭和三三年に陸上自衛隊の不発弾処理隊が発足した当初から、日本国内の不発弾を処理した経歴を持つ、この道のスペシャリストです。鈴木さんとの再会も待ち遠しい。日本人と日本語で喋《しゃべ》る機会がこの一カ月殆《ほとん》どなかったので、鈴木さんと会ったら思いっきり喋ろう、久しぶりにもらった日本酒を飲みながら……。

待ちに待った日本人

6月20日、鈴木さんはポチェントン空港の国際線出口から笑顔を見せて出て来ました。とても元気で六五歳には見えません。本当にうれしい再会の握手をして、早速ソフィーの車で市内の日本食レストラン「銀河」へ。その頃は特別なことがあるといつも「銀河」に来ていたのです。

ちなみにプノンペンの中華系レストランの昼食代は3、4ドル。カンボジアの庶民が行く食堂では1ドルくらい。この銀河では一番安いものでも5、6ドル、日替わり定食は7ドルなのです。

まさに今日はその特別な日。早速二人とも日本食を注文、奮発してハイネケンビールも注文しました。久しぶりに食事も美味《おい》しい、ビールも美味しい。そして鈴木さんと今後の活動について話しながら、日本語で楽しく会話できる幸せを感じました。

それから一週間は現地での活動へ向けての準備です。プレイヴェンでは日用品など必要な品物が手に入るかどうかわからないので、必要なものはできるだけプノンペンで買っておく必要がありました。携帯コンロ、鍋、インスタントラーメン、その他必要な日用品を買い込みました。

しばらく日本食ともお別れなので再び「銀河」に行くと、マネージャーのリムさんがいつものように迎えてくれました。「明日からしばらくプレイヴェン暮らしになります」と話をすると、帰り際に「これプレイヴェンで食べて下さい」と言って、日本から取り寄せていると思われる米1kgと日本の漬物を貰いました。リムさんの心のこもった計らいに鈴木さんも私も大変感激し、異国での人の優しさに胸を熱くして店を出ました。

第三章　不発弾処理に取り組む

隊員との初顔合わせ

プレイヴェン州へ出発の朝です。

七時にソフィーの車で宿舎を出発。鈴木さん、通訳のケディー、そして私の四人でプレイヴェンに向います。今回は大学の試験もなくケディーが途中で帰ることはないのでひと安心。宿舎探しで通った「マッサージロード」（悪路のことをこう呼んでいたのです）に揺られて到着。お昼過ぎにカンボジア人の不発弾処理隊員と初顔合わせです。みんなまだやや緊張しているようでしたが、いい隊員ばかりだと直感しました。昼食を食べに、大きな木の下にある食堂に全員で行きました。メニュー表を見ても何も分からないので、隊員たちに頼んでもらうと、プノンペンでは出てこないようなカンボジア料理が並びました。どれも実においしい。飲み物はコーラ。この時初めて私はコーラに氷を入れて飲みました。それまでは氷には注意していたのですが、もう大丈夫だろう……、気にしない、気にしない。

宿舎に帰り、それぞれ自己紹介。私も自己紹介しました。名前、年齢、家族、自衛隊を退官して来たこと、1992年から93年にカンボジアPKOに参加しUNTAC（国際連合カンボジア暫定統治機構）で活動したこと、鈴木さんは日本を代表する不発弾処理の専門家であること、皆さんは家族を郷里に残してここに来ているので、家族に何かあった場合はすぐに申し出て家族を大切にして欲しいこと、仲良く助け合って安全にカンボジアのためにいい仕事をしましょう。そう私はみんなに言いました。

その後、荷物を宿舎に運び入れたり、宿舎の備品を隊員のリーダーがメモをして掌握したり、土砂降りのスコールを利用して車を洗ったりと、初日からいそがしく働き、最初のやや緊張した様子は徐々になくなっていきました。言葉は通じないけれど、なんとなく雰囲気で気持ちは通じあっているとお互いに感じることができたのです。

宿舎の一階は鈴木さんのベッドルームと事務所。二階の二つのベッドルームを各リーダーが使って、板張りの大部屋は隊員四人が使う。私は二階の大部屋で隊員四人とごろ寝することにしました。

カンボジアの料理はどれも美味しい

北国の春

明日の活動開始にむけて隊員は二台の車両、爆破器材セット、金属探知機などの点検、手入れに余念がありません。明日はどんな日になるのだろう？　不発弾は見つかるのだろうか？　ゼロということもあるかもしれない。鈴木さんといろいろ現場の状況を想像して話をする。これから地道な活動が始まるわけだから、不発弾が回収できる日もあれば、一発も見つからない日もあるだろう。初日は、その一発も見つからない日になるかもしれない。それはそれでいい。

夕方、全員でいつもの森の食堂で夕飯をとり、宿舎に帰って、鈴木さんが日本から持ってきたウイスキーをみんなで飲みました。尺八の師範だという鈴木さんの素晴らしい演奏に合わせて、私は「北国の春」を歌った。拍手喝采《かっさい》。二番、三番は隊員みんながいつの間にかメロディーを口ずさんでいます。うれしかった。胸が熱くなり声がつまるのを堪《こら》えるのに大変でした。そのあとお返しのように、隊員がカンボジアの歌をたくさん歌ってくれました。カンボジアの人も歌が大好きなようです。こうして、隊員とも心が繋《つな》がり、活動がますます楽しみになったのです。

寝る前に、みんなでごろ寝をしながら話をしていたら、ほとんどの隊員がUNTACのメンバーだったことが分かり、ますます親近感が湧いてきました。

「シャワーを使ってください」と言うので早速使わせてもらい、汗を流してシャワー室を出ると、一人の隊員が飲み過ぎたのか吐いています。背中をさすると「ありがとう……、ありがとう……」と覚えたばかりの日本語で言ってくれたのが印象的でした。

次々と見つかる不発弾

いよいよ不発弾処理活動開始日です。

早速作業にとりかかりました。不発弾は次々に見つかります。

住民の情報で回収したロケット弾などの不発弾数発を村の田んぼの中にある空き地に集め、

爆破処理するための準備をしていたところ、そこに子供たちが七、八人やってきました。「危ないから遠くに行きなさい」と隊員が指示するのですが、何やら言いながら動こうとしない。様子がおかしいので近づいてみると、不発弾を四発持っています。処分してもらいたいために持ってきたのです。不発弾を子供たちから受け取り、再び爆破準備に取り掛かると、安心した様子の子供たちは立ち去って行きました。こんなこともあるのかと、驚いたできごとでした。

隊員の爆破準備作業を見ながら感じた事は、安全に対する配慮が極めて薄いことでした。例えば自衛隊では、爆破を完全に成功させるために、爆発を起こすための処置を二重に、つまり予備の起爆準備をあらかじめしておく、場合によっては、点火の処置も二重にしておきます。爆破地点と点火位置の間には点火母線という被覆された線を張るのですが、その際に線を傷つけないよう慎重に張る必要があります。更には電気が流れるこれらの線の導通試験というのをやって確認するなど、たくさんのチェックをして100%成功させるために神経を使うのですが、ここでは、そのような基本的なやり方がされていないことに気がつきました。

鈴木さんとすぐに、基本的なやり方について教えるかどうか話し合ったのですが、結論は、

「危険にすぐに繋がること以外は、彼らのプライドのことも考慮して暫《しばら》く様子を見る」というものでした。このときの爆破は成功。初めての不発弾処理を無事終えることができました。

撤収して帰ろうと、車で移動していると、運転している隊員が道路の脇に転がっている不発弾を発見しました。先ほどの子供たちといい、道路の脇に転がっていることといい、本当に驚きます。車の荷台に積んでいる回収用のコンテナに収め、再び車を走らせました。田んぼの脇道から道路に出ると、少女たちが何やら車を止めるしぐさをしています。少女の指さす方に歩いて行くと、そこにはまた不発弾が転がっているのです。隊員が少女から住所や名前を聞くなど、定型の用紙に必要事項を記入し、その処置も終わって、さあ宿舎に帰ろうとした時、今度は自転車に乗った男の子が手に不発弾を持ってやって来ました。

うーん……。一体どうなっているのだ？　不発弾の処理をしに来たとはいえ、この状況は想像以上でした。

後でわかったことですが、村人も危険とはわかっていても処分してくれる人がいないので、やむを得ず焚火《たきび》の中に入れて爆破させたり、子供の手の届かないヤシの木の上に置いたり、池や川の中に捨てたりしていたのでした。

夕方になったので、爆破処理は明日にすることにしました。初日の活動を終えホッとした

不発弾回収（右手前が鈴木さん）

気持ちと、これからも何が起こるかわからないという緊張感が脳裏をかすめたのでした。

鈴木さん倒れる

現場を鈴木さんに託して、私はプノンペンに戻りました。不発弾処理専門家の鈴木さんに任せておけば、現場は間違いありません。活動は、ともあれ開始できた、と思っていると鈴木さんから連絡が入りました。宿舎に泥棒が入ったというのです。朝方宿舎で犬が異常に鳴くので、目を覚まし外を見ると、車を物色する二名の不審者を発見、腕に覚えのある鈴木さんが撃退しようと外へ飛び出すと、不審者はびっくりして一目散に塀をよじ登って逃走したという話でした。安心できないのは、不発弾だけではなかったのです。早速、宿舎に警備員を置く処置をしました。今、考えると鈴木さんに危害がなかったのが幸いでした。

それからしばらくすると、慣れない環境のせいでしょうか、強靭《きょうじん》な体力の鈴木さんが倒れてしまいました。高熱で宿舎に寝ていたら近所の方が沢山集まってきて、お祈りを始めたというのです。もうろうとした意識の中で、「私は、これで死ぬのかなあ」と錯覚するくらい、現地の住民に手厚い看病を受けたというのです。この話は、実は後から聞いた話で、「大したことはないので、心配かけたらいけないと思い、連絡しませんでした」と言われました。

現地に行って鈴木さんとお会いすると、貧弱に見えるくらいに痩《や》せ、やつれていました。休養を取って頂くようにお願いしたのですが、それは聞き入れてもらえない。不発弾処理部隊のリーダーに「鈴木パパ（カンボジア人スタッフからはこう呼ばれていました）の体調には、いつも注意してくれ、そして何かあったらすぐに私に連絡してくれ」、そう頼んでプノンペンに戻りました。自分のことも含めて、先ずは安全の確保を優先させて、試行錯誤しながら活動を続けたのです。

帰国の決意

活動は徐々に広がっていきました。

２００３年３月からは、外務省のＮＧＯ支援無償資金をもらって活動ができるようになりました。

更に、２００４年５月からは、二回目のＮＧＯ支援無償資金の贈与を受けて、活動地も当初のプレイヴェン州に加えて、スバイリエン州とカンダール州の三州に拡大され、不発弾処理の日本人専門家も四人に増えました。

私はこの時から、副代表を辞任して、不発弾処理活動地である三州で、被災者減少のための啓蒙《けいもう》活動を担当することになり、カンダール州に異動しました。

この当時、地雷や不発弾による年間の被災者は、八〇〇―九〇〇人くらいで、その内の半数以上が不発弾による被災でした。その被災者を減少させる手段は、不発弾を回収処理することに加えて、住民、子供たちへの不発弾に対する教育（啓蒙活動）が重要でした。

しかし、それは中途半端な活動にしかなりませんでした。カンダール州、プレイヴェン州、スバイリエン州で一週間ずつ啓蒙活動を行うのですが、予算や経費の都合で、不発弾処理専門家の車両に便乗させてもらい、「ついで」といってはおかしいのですが、一緒に不発弾を回収する「合間」に啓蒙活動をすることしかできなかったのです。そうして活動を続けながら、この活動の延長線上には、必ず地雷処理事業が見えてくると信じていました。

それは、２００２年５月にカンボジアにやって来て、いつも私が夢見ていたことでした。最初の段階で地雷処理事業が無理なら、まず不発弾処理事業を軌道に乗せて、その実績を認めてもらった上でなら、地雷処理事業も立ち上がると信じていたのです。


しかし、それは一向に進展せず、２００４年９月10日、私はしばらくの間、日本に帰ることにしました。

その理由は、実はカンボジアに来て間もなくのことですが、突然、不安定な精神状態に陥り、その障害を抱えながら、だましだまし活動を続けていましたが、ここにきて我慢の限界がきてしまったのです。

カンボジアで一番好きな風景は、ヤシの木が悠然と立ち並ぶ南国の大らかな雰囲気の大地です。精神的にまいっていたこの頃は、その大好きなヤシの木の風景ですら、見るのも嫌なくらいになってしまっていました。私は、もうこんな状態で活動しても、何にもならないと思いはじめていたのです。そして、現地にいる日本人も増えた今なら、私がいなくなっても活動に支障はない、と判断しました。

ヤシの木が悠然と並ぶ風景

ここにいたのでは、地雷処理事業の立ち上げは、不可能かもしれない。日本に帰ろう。そして、もう一度、地雷処理事業の立ち上げのチャンスを模索しよう。ボロボロになった心も、身体も、もう一度再生して、健康な状態を取り戻し、チャレンジしようと思ったのです。

第四章　バーンアウト

帰国

松山空港には家内が車で迎えに来てくれました。家内は、私がもうカンボジアに行くことはないだろうと思っていたようです。家内が、運転する車の中で「少しゆっくり休んで、疲れがとれたら、仕事を探さないといけないね」と言います。私はカンボジアでの地雷処理事業を諦《あきら》めたわけではないので、「いや、4月頃に外務省から地雷処理事業が認められるかもしれない。そしたら、またカンボジアに行くよ……」と返事をしました。

唖然《あぜん》とした家内は、「もう、帰ってきたのでしょ、こっちで就職してね」と怒り始めてしまいました。

返す言葉が、見つからないので、私は黙っていました。

地雷処理事業を諦めてはいない。けれど二年四カ月の間、カンボジアで無我夢中で活動し、張りつめていたものが無くなり、抜けがらのような状態で帰国した私を見て、ある人は「高山さん、「バーンアウト」、燃え尽き症候群ではないですか？」と言いました。

様々な逆境の中で、確かに精神的にかなりのダメージを受けていたのは事実ですが、燃え尽きていたとは思いませんでした。燃えたくても、燃える条件がまだ整わなかったのです。ですから、その燃える条件である地雷処理事業の立上げ方法を模索するために、帰ってきたのです。夢を諦めてはいなかったので、燃え尽きた状態という心境ではありませんでした。

しかし周囲の方には、その時の私がそう見えたのだと思います。

「バーンアウト」を辞書で調べてみると、燃え尽き症候群という意味のほかに「焼き切れた状態」とありました。私は燃え尽き焼き切れてしまったのだろうか？　そんなことはない、と心の中で叫んでいました。夢は、地雷処理は、まだ何もしていない、私は諦めてはいない……そう思うものの、気力は尽きかけていました。自分の力ではどうすることもできないこの状態は、確かに「バーンアウト」と言う他はないようにも思いました。

その頃は、もうカンボジアを諦めようかと、弱い気持ちになることもあったのは事実です。言葉では言い表せない挫《ざ》折《せつ》感のどん底に私はいました。

しかし負けたくはない。でも何に対して負けたくはないと思うのか？　自分にもわからない……。自分自身を立て直そうと、もがいていました。

そんな私を癒《いや》してくれたのは我が家で待ってくれていた愛犬のマオでした。マオも私が帰って来たのを喜んで、朝晩の散歩は再び私の役目になりました。けれど、心が晴れたわけではありません。散歩をしながら、夕方の松山の景色を呆然《ぼうぜん》と眺め、考えることはいつもカンボジアのことだけでした。

大好きなはずのカンボジアが、夢であったはずのカンボジアが、大好きなヤシの木の風景でさえ見るのも嫌なくらいに、カンボジアに「嫌悪感」を覚えるまでになってしまったのはなぜでしょうか?

立ちはだかる不安

それは私にとっても突然の出来事でした。

日付もはっきりと憶えています。夢が叶《かな》いカンボジアへ入ってまだ二週間ほどしか経たない、２００２年６月１日、何の前触れもなく、それまでに感じたこともない強烈な不安を感じたのです。

何かもう、とにかく不安と寂しさに、すべてのものがそういうふうに見えてきます。窓の外の雀《すずめ》を見ても不安と寂しさを感じる、犬を見たって何を見たってそう感じてしまうのです。NHKの海外放送のテレビを見ても、パソコンの終了の音を聞いても、とにかく、不安と孤独な気持ちになったのです。

夕方になると、言いようのない不安定な精神状態がやってきました。不安感、孤独感、憂い、恐れ、心細く、気をもみ、そわつき、浮き足立ち、落ち着かず、いても立ってもいられなくなる。胸が騒ぎ、心が乱れ、ざわめき、重々しく、緊張し、張りつめ、切迫する。気持ちが揺れ、震え、急《せ》き立てられる……。「今すぐに日本に帰りたい」そう強く思う私がいました。

ある夜、宿舎にいるとどうしようもなくなり「もう日本に帰ろう」と思い、JMASの理事長に電話をしようとするのですが、最後の番号を押すことができません。「明日の朝まで待って電話しよう」そう思ってベッドに横になりました。

朝になったら少し落ち着いていて、やや気分が楽になっていました。そしてそのまま事務所に行って働きます。忙しく動いている時は気持ちが楽なのですが、二、三日すると今度は、朝から不安定な精神状態になって苦しくてどうにもなりません。もう恥も外聞もない。出発前に「定年・退官及びカンボジア赴任壮行会」をやり、八〇人もの方々が大々的に祝ってくれたけれど、「えらそうなこと言って、一カ月もしないうちに戻ってきた」、そう言われるのも覚悟で、もういい、何を言われてもいい、とにかく帰ろう、日本に帰ろうと、再び理事長に電話をかけようとするのですが、やはり最後の番号を押すことができません。

6月7日には遂に運転手のソフィーに打ち明けました。ソフィーが二、三日宿舎に泊ってくれることになり、やや落ち着きを取り戻し、気持ちは少し楽になりました。夜はソフィーに日本語を教えたりして、気持ちを紛らわすこともできます。しかしソフィーもずっと私の宿舎に泊っているわけにもいきません。

いろいろやってみたのですが、不安定な精神状態はずっと続きました。たぶんホームシックの重い症状ではないかと思ったのですが、医者に診断してもらったわけでもなく、確かなことはわかりません。それでも、どうしても、このJMASの立上げを投げ出すわけにはいかないのです。6月20日に鈴木さんが来る、鈴木さんが来たらひょっとしたら寂しさがなくなるかもしれないと期待をしました。「鈴木さんが来てから考えよう、とにかく来るまでは頑張ろう」、そう思って耐えていたのです。あと一週間、あと三日頑張ろう……、という心境でした。ところが、待ち望んだ鈴木さんに会っても、一時的に少しは良くなるものの、不安感、孤独感は消えてはくれませんでした。原因もきっかけも、自分でもまったくわからないままでした。

２００２年から２００４年の間、時々日本に帰っていたのですが、その一時帰国でも良くなりません。そうしてまたカンボジアへ帰るとき、飛行場で早くも不安に駆られてしまいます。飛行機の乗り継ぎで待合所に一人いると、いても立ってもいられない不安感に陥るのです。孤独感……何か一人だけになって……ものすごく寂しくなって、いても立ってもいられず〝うろうろうろうろ〟しないと落ち着くことができない……そんな状態でした。

それはしつこく、いつまでも続きました。

私は、精神的に追い詰められていきました。

辛抱しながら活動を続けていましたが、２００４年9月10日、我慢の限界がきて私は、「バーンアウト」してしまったのです。

夢の続き

「お父さんは、現役を引退する巨人軍の原辰徳選手が言った「夢の続きには、また夢がある」ということを、今からやるんだね」

自衛隊を退官し、カンボジアへ出発する私に、息子が贈ってくれた言葉です。

それは確かに、「叶わぬ夢」の、続きの夢でした。

私が最初に見た夢は、自衛官時代に、いわゆる「カンボジアPKO　UNTAC」に、私もその一員として参加したことからはじまりました。カンボジアPKOはその後の私の人生観や価値観が変わってしまうくらいの強烈な出来事であり体験でした。PKOが終わったときに、帰国する飛行機の中で「やり残したことがある、できればここに残りたい」と、「叶わぬ夢」を見たのです。そして、「カンボジアに帰ってもう一度活動したい」と願った、それが最初の夢でした。

カンボジアでは1970年代から二〇数年間内戦が続いていました。その内戦を終結させて和平を取り戻すため、国連の安全保障理事会が設置した暫定的な機関がUNTAC（カンボジア暫定統治機構）です。UNTACはまた、カンボジアにおける平和維持活動（PKO　Peace-Keeping Operations）を目的としていました。

日本もこれに参加するため、「国際連合平和維持活動等に対する協力に関する法律（PKO協力法）」を成立させました。この法律の成立については、当時国を二分する程の激しい議論がなされ、国中が大騒ぎになりました。

まだ具体的に陸上自衛隊がPKOに参加する、ということが話題にもなっていない頃、私は当時の国会審議等のテレビニュースを見て、「これは我々、（陸上自衛隊の）施設科部隊の仕事だ」と直感しました。施設科部隊とは、地雷関連、土木関連などが専門領域です。実は私はこの施設科部隊で、地雷埋設や除去など、地雷に関する専門的な訓練をして、その能力を習得したのです。

それから幾日もしないうちに、陸上自衛隊がPKOに参加するとの情報が流れはじめ、私の所属する部隊に白羽の矢が立っていることも知りました。当時、部隊の人事担当をしていた私は、派遣部隊の編成作りに大きく係わることになりました。「第一次カンボジア派遣施設大隊」という部隊が編成され、六〇〇名の人選がなされ、もちろん、私もその一員に自らの名前を入れました。とても日本に残ることは考えられなかったし、現場で活動している方が安心できるとも思ったからです。家族にはそれとなく伝えましたが、家内は黙っていました。

小牧基地からカンボジアに出発する先遣隊

一方、出発する前のあわただしい日々の中、ふと現実にカンボジア派遣をわが身のこととして捉えたとき、「地雷で足を飛ばされたり、命を落したりするのかなぁ」と、いろいろなことを想像したりもしました。

1992年10月1日、私は二次先遣《せんけん》隊八三名を指揮して航空自衛隊の大型輸送機三機に分乗してカンボジアに向かいました。派遣部隊での私の仕事は六〇〇名の人事、総務、厚生、郵政等の責任者。また派遣部隊の指揮官である大隊長を直接補佐するものでした。

実際の業務は、部隊間の調整はもちろん、UNTAC本部との連絡など、業務は煩雑多義にわたりました。特に、英語の能力がほとんどない私には、U

ＮＴＡＣ本部での業務調整は大変で、悪戦苦闘の連続でした。

カンボジアに初めて到着したころは、国道3号線を車で走りながら眺めるカンボジアの景色はすべてが珍しく、特に、だだっ広い田園風景の中にヤシの木が乱立し、あちこちに日本ではあまり見掛けない牛がゆったりと草を食べていたのが印象的でした。

宿営地のタケオというところに到着した最初のころは、住民が大勢集まってきました。大人も子供も我々を取り巻いて、簡単な仕事であれば積極的に手伝ってくれました。大人は仕事が、子供は何か物をもらえることや隊員と遊ぶことが目的のようでした。

特に子供達は朝まだ暗い五時頃に我々の寝ている周辺にガヤガヤとやって来て、「カンポン、カンポン、ソンモーイ」と言って、缶ビールの空き缶やミネラルウォーターの空き容器を欲しがりました。夜中には激しい雨に起こされ、やっと眠れたと思ったら今度はまだ暗い早朝に子供に起こされることもしばしば。隊員は子供達を追い払ったりせず、できるだけ皆に平等になるように空き缶や容器などを分け与えました。しかし、何時も行儀のいい子供ばかりではありません。隊員がテントの中に買い置きしていた缶ビール二四本入り一箱を、そっくりもっていかれたり、ミネラルウォーターを箱ごと担いで逃げる子供などもいました。

また、ある日、管理を担当する中隊から「大隊長、野外風呂が取りあえず完成しましたので、夕方、入り初めをお願いします」と言われ、私は大隊長に同行してその野外風呂に行くと、黄色い泥水と変わらない水が浴槽の中に……。後になって誰かが「ワニでも出そうな風呂でした」と答えていたくらいです。その時は頭からザブザブとかかる気にはなれなかったので、肩から下に何杯か洗面器で水をかけ浴槽の中には入りませんでした。

そういった数々の未知の体験をしながら、カンボジアでPKOに参加した日々は過ぎていきました。

人生のスイッチ

私は、カンボジアPKOに参加するまで、確たる「夢」を持ったことはなかったと思います。ただ思いつくまま、「優柔不断」でやって来たのです。

高校三年の7月頃、自衛隊の採用担当者が学校に来て、その説明を聞き、「おおそうか、いいなあ」と思い自衛隊に入りました。入隊してからも、自衛隊を辞めて民間に出ることも考えたのですが、結局自衛隊に残ったのも、いい加減、優柔不断、行き当たりばったりだったからだと、自分でそう思うのです。

もちろん、その時々の、目標や、やりがいというものはありました。

しかしPKOは桁外《けたはず》れの経験でした。それまでの人生で経験したことのないものでした。それまでのことが本当に霞《かす》んで見えるくらいの——言葉でそれを説明するのは難しいのですが、「桁違いのやりがい感」をPKOで感じたのです。

私は四五歳でカンボジアでPKOに出会い、人生のスイッチが入り、遅まきながら人生のエンジンがかかったのです。

カンボジアで週に一度くらい、プノンペンにあるUNTAC本部に行って担当者と調整するため、ジープを運転して一人で国道3号線を走りました。その時、言いようのない充実感を感じました。「もう命なんかなんぼでもあげるわい」という、とんでもない気持ちにさえなったのです。

そして、PKOを無事終え、帰るときに飛行機の窓から見た光景が強烈に私に焼きつきました。写真を撮ろうかと思ったのですがカメラが手元にありません。飛行機はどんどん飛んで行ってしまう。とにかく〝ジーッ〟と見て眼下に広がるカンボジアのその景色を、自分の目に焼きつけようと思いました。今でも、その光景は目に焼きついたままになっています。

その時「私が求めていたものはこれだ」と思ったのです。


それはなぜ、そう思ったのか、私にもわかりません。

「命をかけてもいい」と思ったのは？

「私が求めていたものはこれだ」と思ったのは？

それは何に対してそう思ったのだろう。ＰＫＯで経験した過酷な現実のために？　それとも日本のために？　やはりカンボジアのためだろうか？


それはどちらかと言えばおそらく、自分の生き方、自分のためなんだろうと思います。

カンボジアのためでも、日本のためでもなく。


「本当に私はこれがやりたい」

いつかカンボジアへ帰ってきて、ＰＫＯでやり残したことをやりたい。カンボジアの大地から地雷をなくしたい、私ひとりでも、それをやりたい。

「私のあとの人生は、それをやりたい」、純粋にそう思ったのです。

ＰＫＯでやり残したこと

ＰＫＯは私の人生観や価値観を変えてしまったのです。

カンボジアを飛び立つ飛行機の中で、気持ちの半分は日本に帰って家族に会いたいと思いました。しかし、ある種の達成感もやりがいも十分に感じていたのに、もう半分は「ここ、カンボジアに残りたい」、そう私は思っていたのです。

十分な仕事ができなかったという思いもありました。英語もわからない、もちろんカンボジア語もわからない。暑い、バテる。一回だけ内緒で同僚にわからないように医務室に行って、半日だけ点滴を受けたこともありました。もう体もぎりぎりの状態でした。そんな経験をしながら、自分の評価としては、本当に悔しい部分を感じていました。しかしそれだけではないのです。

ＵＮＴＡＣ代表の明石康さんからも、その他国内外からも、「本当によくやった」と評価されました。無事に任務を終えるときには、「ああ、これで家族に会える」という安堵感と、六〇〇名全員が帰還地である小牧の空港に着けば、全部ハッピーエンドで終わる、野球ならば九回このボールをファーストへ投げたら勝つという寸前まできている。日本の最初のPKOに派遣された者の責任も何とか果たせる、そして言いようのないプレッシャーからも開放される、すべてOKという喜びがあり……。けれど、それとは別に何か後ろ髪を引かれるのです。

私は、まだやることがいっぱいあると思っていました。

それは、自分がやらなくても、おそらく他の人がやってくれることだとしても。

「私にはまだやり残したことがいっぱいある」

それは思い上がりかもしれませんが、私は目的半ばにして帰るというような気持ちだったのです。達成感はあるようでなかったのです。

「できたらカンボジアに残してくれ」、そう本音で思っていました。

当時よくメディアの方から「PKOでカンボジアへ行くのは、命令ですか？　希望ですか？」と質問されました。隊員にアンケートは取ったわけではないのですが、だいたい三つに分かれるだろうと私は思っていました。ひとつは本当に行きたいという人、もうひとつは行きたくないという人、その真ん中は、これは仕事だから命令だったら仕方がないという人。

そして、帰るときに「あなたはまた行きたいですか？」という質問がもしあったとするならば、それはまた同じように、若干のずれはあっても、大きくはこの三分の一ずつのままになると思われます。また行きたい人、まあ行ってもいいかなあという人、もう行きたくない人。

現に私だけでなく「カンボジアへまた行く」と、PKO終了直後に言っていた人もいました。

「高山さん、帰ったらわたしはもう自衛隊をやめるんじゃ」

「どうするんですか？」

「いや、カンボジアへ行くんじゃ」

そんな会話を何人かとしたこともありました。

カンボジアは、それほど強烈な体験だったのだと思います。カンボジアへ行った同僚のうち、その後に東ティモールのPKOへ行き、カンボジアと東ティモールの「ダブルヘッダー」をやった人もけっこういます。それでもやはり、東ティモールの思い出と、カンボジアの思い出では「桁が違う」と、両方を経験した人はそう言っていました。

いろんな気持ちがあって、現地へ退官後に行きたいと思っている人はいるでしょう。家族の状況や環境によって実行動をとれない人もたくさんいると思います。あるいは、そんなこと考えてもいない人もたくさんいることでしょう。私のように、馬鹿の一つ覚えで、なにが何でも行く、と思う人はあまりいないのでしょうが。

PKOから、自衛隊を退官するまでちょうど一〇年。そのあいだ、私の熱が冷めることはありませんでした。冷めないどころか上がっていったのです。これは自分でもおかしかった。私の性格なら、本来は冷めるはずなのです。元来、私自身は冷めやすい性格だと、自分ではそう思っていたのですが、ところがこれだけは、今までとは全然違っていました。自分で思っていた性格とは違い、これだけは、ずーっと上がっていく。本当に、全部カンボジアに集中してしまい、朝から晩まで話すことといえばカンボジアのことばかりで、他のことを話そうと思ってもカンボジアのことが頭から離れないまでになってしまいました。

カンボジアという場所

もしもの話、カンボジアの状況がすごく良くなって、日本を凌《しの》ぐほどの近代化、経済発展を成し遂げていたら、その場合は、カンボジアへ行きたいとは思わなかったと思います。それははっきりと、私は必要でないだろうから。

客観的に見て、思い上がりだと言われたらそれまでですが、カンボジアの状況、地雷処理などに対する全責任を一人で感じてしまうような思いが私にはあったのです。自分が求められている、自分にはそれができる、そう強く思っていたのです。もちろんカンボジアへの懐かしさもありました。しかし、道路建設にしろ、地雷処理にしろ、私の能力で役に立てることがそこにはあるのです。

懐かしさ。カンボジアに対する思い。ＰＫＯでの強烈な経験。思い上がりのような使命感。役立てる、役に立ちたいという思い。すべてが複合的に重なり合っていました。

例えば私が、カンボジアでなく他の国、東ティモールやゴラン高原、アフリカの国々など、他の場所へ行っていたとすれば、それほどその国に対する愛着を感じたかどうか、これは経験がないからわからないことです。おそらくスイッチが入った、という気持ちにはなっただろうとは思います。やりがいは、たぶんどの国へ行ったとしても感じていたでしょう。「カンボジアだからスイッチが入った」ということではないとは思います。けれど、そのあとに、その場所で引き続きそういうことをやれる様な気持ちになれたかどうか、愛着がカンボジアほどあったかどうかというのは、よくわからない。


なぜ私はそこまでの愛着をカンボジアに感じたのでしょう?

カンボジア人の優しさや人懐こさ、もちろんそれもあるでしょう。いろいろな理由がそこにあって、いったい「どこ」に、私は魅かれているのだろうか。

「そんなにカンボジアに魅力を感じたのは、いったいなぜでしょうか?」という質問もよくされます。そう言われたら、私にも「わからない」。自分でも説明がつきません。

カンボジアというのは不思議な国だなぁ……、そう思うのです。


理由はわからないけれど、私の頭にあるのはカンボジアのことだけでした。

自衛隊に勤めながら、退官後にカンボジアへ行く準備を進めました。現地で活動しているNGOの知り合いや、現地大使館の方にメールをして、情報を集め、インターネットでも情報を取りました。

いろいろな情報がある中で、もしかしたらカンボジアよりもっと魅力的な場所があるかも知れない、もっと自分が生かせる、役に立つ場所があるかも知れないということは思いもしません。そんなことは、あるか、ないかすら考えなかったことです。

定年になったらどこかの会社に再就職することも考えなかった。そういうオプションは一切ゼロでした。

夢の続きの続きへ

私が思っていたことは三つありました。

ひとつは、JICA（国際協力機構）の専門家としてカンボジアと関わること。

もしそれができなかったら、どこかのNGOに入ること。その場合は、地雷処理ができなくても仕方がない、カンボジアと関われればいい。

そして、それもできなかったら、とにかく「行く」こと。行って現地で、自分のできることを考えよう。

そう思っていたところに、JMASが立ち上がるという話が入ってきたのです。とにかく私は「地雷をやりたい」と思っていたところへ、JMASが、日本のNGOとして地雷処理組織が立ち上がる。私の定年にぴたっと合わせるかのように、寸分も狂わないようなタイミングで、一番願うことが計画をしたように叶《かな》っていったのです。

カンボジアで活動するという夢は、まさに最高の状態で達成できたのです。

カンボジアの土を再び踏むという、自分の最初の夢は。

しかし、私が本当にやりたいのは、「その次の夢」である地雷処理です。それはすぐには始まりませんでした。それどころか、いつまで経っても地雷処理活動が始まる糸口さえも見つからなかったのです。不発弾処理や、啓蒙《けいもう》活動をしながらチャンスを待っていましたが、地雷をやるという夢までに、非常に苦しい過程を経なければなりませんでした。

その間に、私は「バーンアウト」してしまったのです。

「一時帰国してやり直そう」、そう思いました。

地雷処理は、ここにいたままではできない。ＪＭＡＳも大使館もどこも動かない。このまいたのでは埋もれてしまう、地雷処理という希望が。

日本に帰ってもう一回やり直そう。体も整えながらチャンスを待とう、と。

やり直すチャンスを待とう。その間に今までの活動の広報をして、土台を作ろう。

具体的には、できるだけ多くの方に会うこと。写真展をやって日本のたくさんの人にカンボジアのことを知ってもらうこと。それから、小学校など含めて、できるだけたくさんカンボジアについての講演をやること。自分のやるべき事を決めて、支えてくれる協力者の力を借りて、日本でやれるかぎりの活動を続けました。特に、地元である愛媛《えひめ》のみなさんには、大変お世話になりました。

あるデパートで催した写真展では驚くほどの反響があり、一週間で一八七〇名の人が集まりました。またたくさんの企業の協力も頂きました。カンボジアを日本のみなさんに知ってもらうと同時に、これだけカンボジアに関心を持っていてくれる人がいることを知り、大きな勇気をもらいました。

カンボジアで傷んだ身体を治すため、病院に通いながらそんな活動を続けました。

そして、帰国から一年二カ月が経過したころ、一筋の光明が見えました。外務省に再度「住民参加型地雷処理事業」の申請書を提出することができるようになったのです。それは、現実味を帯びた確かな手ごたえでした。

私は、「次の夢」のために、再びカンボジアへ向かいました。

第五章　再びカンボジアへ

飛行機の中で思ったこと

2006年5月30日、「カンボジア北西部における住民参加型地雷処理事業」の日本NGO連携無償資金協力贈与契約の締結が、在カンボジア日本大使館で行われ、名実共にこの事業が開始できることになりました。

これは、外務省の関係者の理解や、JMAS関係者の努力が実り達成できたもので、JMAS設立当初から、関係者が待ち望んだことでした。

2004年9月、心身ともに疲労困憊《こんぱい》し、バーンアウトして日本に帰り、精神的な障害の治療や、その他身体の治療をしながら、JMASの広報活動をして、決してあきらめることなく、地雷処理の活動を模索していた人生最大の苦しい時期のことを思い出していました。

その頃、地雷処理事業の立ち上げについては、まったく目途が立たず、不可能かもしれないと思われるほど、「闇《やみ》の中」の状態でした。当時のJMASの理事長からは、電話や手紙で励まされもしました。その言葉は、実に有り難く、唯一の頼りでもありました。

2006年6月3日（土）、三度《みたび》、カンボジアに向かうため、タイ航空の機内にいました。出発の松山空港では、お世話になっている何人かの親しい方が見送ってくれました。日本語を忘れないようにと、「美しい日本語」を集めて編集された本をくれた方もいました。早速、機内でその一部を読みました。ある言葉が心に響きました。宮本武蔵の『五輪書』の中の一節でした。鍛錬の「鍛」は、千日稽古に励んで得られる業、つまり、三年は稽古に励めという。「錬」は、万日稽古に励んで得られる業、つまり、一〇年単位で稽古に励めという。うーん「鍛錬」とは、そういうことなのか……。

自衛隊を退官して、突き進んだ四年が「鍛」であれば、これから目指そうとする一〇年単位が、「錬」なのかもしれない。


夢にまで見た、地雷処理の活動が、これからやれることへの喜びを、じっと噛《か》みしめていました。そして、この事業の立ち上げに大きな力をくれたある方に、「一命をもって、この事業を成功させます」と誓ったことも、思い返していました。これから、どんなことが待ち受けているのだろう。不安よりも、期待する気持ちの方が強かったのです。どんなことがあっても、やり遂げなければならない。２００２年11月に、ポーサット州のビェールベンという場所で、地雷処理の訓練に参加した時のことも、思い出していました。いろいろ思いを巡らせていると、活動への期待が膨らんでいきました。そして飛行機は、バンコクに近づいていきました。

ＪＭＡＳの目指すもの

ＪＭＡＳの設立趣旨書には、以下のことが書かれています。

> 世界の現実は、恵まれた日本国民の常識からは、程遠いものがあります。民族、宗教、領土等の問題は、残念ながら全《すべ》てが、話し合いで平和的には解決されていないのが現実です。21世紀に入っても、この傾向は、止まる兆しが見えません。
> 軍事的衝突が発生する度に大きな災禍が残されてきました。その中の１つが地雷（対人・対戦車地雷、不発弾及びこれらに類する爆発物）であります。
> 20世紀後半、世界の各地で発生した地域紛争の跡地には、膨大な数の地雷等が残され

たままです。その中で、日々の生活を送る多くの人々が今もいます。親を失い、手足を飛ばされた子供達が厳しい環境の中で生きている。そんな姿を見て立ち上がったNGOは、日本にも、世界にもありました。現在、活動中のNGOも存在しています。

しかしながら、地雷地帯の処理安全化活動そのものを実行するNGOとしては、その行動の危険性と専門性から、一般市民構成のNGOには限界があり、その活動は停滞・休止の状態にあります。現在、効果的に活動している地雷処理関係の外国NGOは、軍歴経験者が中核となったNGOのみとなっています。

日本においては自衛官経験者が中核のNGOが期待されながら、関係者はこの種の活動を控えてきました。それなりの理由がありました。

しかし、今や、国際協力に関する日本国民の意識は、著しく変化し、自衛官経験者が中心となったNGOが設立されても、国の内外から誤解を招くこともなく、その真意が正しく理解される時期が到来したものと判断するに至りました。

日本人の誠意と真心を国際協力の現場で、お金や物のみでなく現地で働く人間の姿として表現したいものと決意した次第であります。

2002年2月19日

特定非営利活動法人　日本地雷処理を支援する会

この趣旨書にあるように、私たちJMASは、不発弾処理を含めた地雷処理活動を目指していました。それがJMASの活動する意味であり、私にとっての「夢」でした。

プレイヴェン州からはじまり、少しずつ不発弾処理活動は広がっていきました。

ですが、当初の大きな目的である地雷処理は、開始される見通しすら立ちませんでした。

不発弾も地雷も、同じ危険物であることに変わりはありません。不発弾は田んぼや道端に落ちていたり目に見える場合が多くあります。もちろん、地中に埋まっている場合もあります。しかし地雷は目に見えない地中に埋められている場合がほとんどです。誰かが地雷を踏み「被災者」が出てはじめて、そこに地雷があったことに気付くのです。

気付いたら被災者になっている、ということをなくさなければなりません。また、地雷が埋まっている土地では、安心して田んぼや畑で働くこともできません。畑を耕すために鋤《すき》や鍬《くわ》を振るえば地雷に触れて、また誰かが被災者になってしまいます。地雷がそこにあるかもしれない。それだけで、歩くことすら安全でなくなるのです。

それは「仕方のないこと」ではありません。台風や地震などの自然災害とは違い、地雷は、その技術があれば取り除くことができるのです。そして、地雷がなくなることを待ち望んでいる人々がいるのです。それは私にとって「やらなければいけないこと」でした。

私たちJMAS関係者は、地雷処理活動の必要性を懸命に外務省や在カンボジア日本大使館に説明しました。そうして2006年5月、「カンボジア北西部における住民参加型地雷処理事業」の申請が受理され、ようやく地雷処理ができることになったのです。

「住民参加型地雷処理事業」。それは、現地の住民を雇用して、住民に地雷処理の技術を教え、住民自らが自分たちの村の地雷を除去し、被災者の減少や、貧困の解消、その他地域の復興に繋《つな》げようとするものでした。

実際の地雷処理

住民参加型地雷処理（CBD = Community Based Demining）では、住民が訓練、トレーニングを受けて地雷探知員（デマイナーといいます）となります。

実際の地雷除去の作業要領は、まず二名一組になり、一名の地雷探知員が幅1・5m、奥行き40cmの範囲の雑木や草を地面ぎりぎりまで取除き、金属探知機を操作できるようにします。後ろで待機している地雷探知員は金属探知機でその場所を探知します。金属反応がなければ、更に40cm前に前進して、この作業を繰り返し進めていきます。

地雷で右足を失った村人。生活は貧しい

金属反応があった場合は、その場所を地雷探知棒や小さなショベル、刷毛《はけ》、磁石などを使って、金属が何であるかを慎重に調べます。この時が大変危険な作業で、地雷を作動させてしまう部分に触れないように細心の集中力が必要です。寸刻みに土を取除き、再び探知機で探知しながら、金属の正体がわかるまで繰り返します。地雷原が戦闘地域であったことから小さな鉄片や小銃弾の場合がよくあります。ですから幅1・5mで奥行き40cmを進むには土質、雑木の状態にもよりますが1時間以上を要することもあります。

地雷が発見されたならば、その場所に地雷標識で印をして、午前中の終わり時間か、午後の終わり時間に、TNT爆薬で爆破処理します。爆破にあたるのは地雷探知員ではなく、爆破作業の訓練を受けた隊員が行います。JMASの専門家はそれらを確認します。

地雷は、様々な場所にあります。それは、敵味方の双方が戦闘をする際に、戦闘員や戦車など敵の前進を遅らせたり、その場所を敵に使わせたくない場合や、あるいは、陣地やキャンプ地を敵の侵入から守るためなどに使われます。

タサエン地区で今、作業している場所は、1980年代のカンボジア内戦時にポルポト軍とプノンペン政府軍、そしてその政府軍を支援していたベトナム軍との激しい戦いが繰り広げられた場所だったので、それぞれが使ったと思われる各種地雷が、たくさん発見されます。TM46型対戦車地雷（中国製）、Type 69対人地雷（中国製）、72A型対人地雷（中国製）、PMN対人地雷（ソ連製）、PMD6対人地雷（ソ連製）、NOMZ2B対人地雷（ベトナム製）

金属反応があった場所を探知

金属探知機で地雷を探る
デマイナー

発見した地雷は爆破する

地雷原は砲弾破片など多数

などが出ています。また、中には、大砲の弾に発火装置をセットして、大きな被害を狙《ねら》ったと思われる仕掛け地雷も出ています。なぜ、中国製やソ連製が多いのか——といいますのは、ポルポト軍を支援していたのは、中国です。そして、政府軍を支援していたのは、ベトナム軍です。そのベトナム軍を支援していたのは、当時のソ連でした。そんなわけで、それぞれの支援国の地雷や、不発弾が戦場だった場所から発見されているのです。

また、地雷を除去する場合、次の工程をとります。まず、戦闘に関する様々な資料や、現地住民からの情報などに基づいて、地雷が埋設されている場所を特定しマーキングというのをやって、地雷原として認定します（この工程を「レベル1サーベイ」と言います）。次に、地雷除去組織が、地雷の除去に当たります。地雷が発見された場所は、一つ一つGPSで位置を測定して、記録します。鉄片もすべてカウントします。それらは、すべて資料として報告されます（レベル2サーベイ）。更に、レベル2サーベイで除去した地域が、確実に、安全になったかを確認します（レベル3サーベイ）。その地域が、安全になったかどうかの判定は、その地域から、金属反応が無くなったことの証明、もしくは、爆薬の反応が無くなったことを証明すればいいわけです。

プラスチック製の72A型対人地雷

現在の世界の地雷は、無金属の地雷はないと言われています。72A型対人地雷のように、90数%がプラスチックでできている地雷も、撃針《げきしん》など一部の部品は、どうしても金属を使わなければならないからです。そしてまた、地雷や不発弾には、必ず爆薬が使われています。爆薬の有無の確認は、現在は、地雷探知犬が使われています。現在、CMAC（カンボジア地雷対策センター）には、八三頭の地雷探知犬がいて活動しています。

これらの工程を終了して、最終的に村など自治体を通じて、きれいになった土地が村人に渡されます。

カンボジアの場合、地雷問題を国家レベルで計画的かつ公正に解決していくため、CMAA（Cambodian Mine Action and Victim Assistance Authority カンボジア地雷問題対策局）や、PMAC（州地雷対策委員会）、ＭＡＰＵ（地雷処理計画策定組織）、などが、行政機関として機能しています。また、地雷処理組織として、ＣＭＡＣが、約二三〇〇名を国内に配置して、地雷処理や不発弾処理を行っています。

その他の地雷除去組織としては、イギリスのＮＧＯ、HaloTrustや、同じくイギリスのＮＧＯのＭＡＧ（Mines Advisory Group）、そして、国連の統制下でカンボジア陸軍の除去部隊が活動しています。

第六章　タサエン

現地調査

活動に先駆けてまず現地調査が一カ月をかけて行われました。現地となる、カンボジア・バッタンバン州カムリエン郡タサエンコミューン（六村からなる集合村）に赴き、地雷原の状況や、村の実情などについて調査しました。

実は私は、その一カ月を自分自身の「実験」だと思っていました。精神的に不安定な状態は、その前から少しずつ良くなってきていたのですが、完全に不安が消え去ったわけでもなく、「今は大丈夫だけれど、また出るかなあ、出ないかなあ」そう思いながら現地に入ったのです。

このカンボジアとタイとの国境地帯の村は、１９８０年代のカンボジアの内戦、ポルポト軍とプノンペン政府軍、そしてそのプノンペン政府軍を支援していたベトナム軍の間で激しい戦闘が繰り広げられた地域です。そのため今もなお、多くの地雷や不発弾がそのままになっており、多くの住民が地雷や不発弾の被害にあっていました。

村は東西に約20㎞、南北に約８㎞の区域で、戦後、政府に公認された村が四つと、非公認の村が二つの、合計六村からなっていました。

その中に、地雷原として認定された、１ヘクタールから数十ヘクタールの地域が約六〇カ所以上も存在しており、住民の生活、特に復興に向けたインフラ整備ができない状況にありました。

住民は、五千数百人で、世帯は約千世帯。ほとんどの住民は、クメールルージュと呼ばれる元ポルポト軍の軍人とその家族。深い大きな森を切り開き、村を作ったという。

戦後の復興から取り残された地域というイメージとともに、認定された地雷原の多さや、地雷原かどうかもわからない未調査の土地も多く存在していることもわかりました。

更に、マラリアやデング熱の発生地域でもあり、また、ＨＩＶの問題や、貧困の問題など、劣悪な環境であることには間違いありません。

明るさと温かさを持った村の子供たち

しかし、出会う村人たち、すべての人が、言いようのない明るさと温かさを持っているのです。すでに地雷が除去された地域は畑になり、村人たちの手でダムロン（英語名はキャッサバ。芋の一種）や、とうもろこしなどが植えられていました。

私は村を見て、村人たちの姿を見て、感動を覚えました。

そして、この村に住んで、村の人たちと一緒に、この事業を成功させようと心に決めました。それは必ず成功すると思いました。

現地調査を終えて、心配していた精神的障害が不思議にもまったく出なかったのです。なぜだかわかりませんが、おそらく、地雷処理が出来るようになったことで、もやもやしていたものがなくなり、精神的な安定に繋《つな》がったのかなあと思いました。これで、もう大丈夫だと本当にうれしくなりました。

タサエンへ

現地調査を終えた三カ月後、2006年6月から活動は開始されました。

活動地であるタサエン村へは、プノンペンから国道5号線を車で約5時間走りバッタンバン州都へ。まず、活動拠点としてバッタンバン事務所を開設しました。

さらにそこからタサエン村までは約140km。乾季の時期には約三時間、雨季は六時間、悪路を延々と走り続けます。道路は全線未舗装で、デコボコ道が延々と続き、特に5月から10月の雨季の時期は、道路は泥濘《でいねい》化して、至る所で大型トラックなどがスタックしたり横転していて、道は塞《ふさ》がれ通行できないこともしばしばです。また、ほとんどの橋は、内戦当時に架けられたという、鉄パネルを組み合わせて出来ている軍用の橋（パネル橋）で、部材が老朽化していることや、大型トラックの通行が多くなったことなどで壊れることがよくありました。

ある日、いつものように、バッタンバン事務所からタサエン村へ向かっているとき、パネル橋にさしかかると車が渋滞しています。何があったかと近くにいた住民に聞くと、橋が壊れて通れないので脇道を通った大型トラックが川の向こうへ到着したとき、突然大爆発が起きてトラックの後ろタイヤ三本が破壊されたという話でした。原因は対戦車地雷を踏んでしまったとのことでした。私は、バッタンバン州都にあるCMAC等に電話をして状況を知らせ、すぐに現場周辺の地雷探知をし、安全を確認するよう対応を求めました。対戦車地雷の埋設されている周辺には、対人地雷が埋められていると考えるのが軍事的な常識だからです。

タサエン村に近づくにつれて、道はだんだんと細くなり、道路の状態も悪くなっていきます。この日は、また車が渋滞している場所にさしかかりました。大型トラックが三台、相次いで悪路にタイヤを取られ、スタックし、大きく傾いていました。

この状況では、まずここを通過することは不可能だろうと思っていると、しばらくすると、普通車くらいの車は前に進むようになりました。近くの住民が、どこからか運んできた丸太を敷き並べ、即席の木橋の迂回《うかい》路を作っていたのです。住民が即席の橋を架けてくれたのは、通行料金をもらって、小遣いにするためでした。３０００リエル（約九〇円）を支払って、私たちの乗る車も即席橋を通過させてもらったのでした。

タサエンの宿舎

そんな状態では、バッタンバン事務所から毎日通って活動することはとてもできません。そこで私と、通訳、運転手の三人が宿泊できて、最低限の生活ができる宿舎をタサエン村内で探すことにしました。

タサエンの六つの村の中で、電気が来ている村は二村。最小限電気だけは必要なので、村の集会所にも近い、オ・アンロック村の中で探しました。

そこはタサエン六村で唯一の食堂があって、その向かいには、ポリスステーション、近所には、野菜や魚、肉類などを売っている小さな規模のお店が三、四軒ありました。ここがタサエンで一番にぎやかな場所で、私たちはここを「銀座四丁目」と呼んでいます。

村を回り、宿舎に使えるような家を貸してくれるところはないかと探していると、食堂のおかみさんが情報を教えてくれました。場所はすぐ近くのおかみさんの親戚の家。木造で高床式、階下はガレージになっており、車が二台十分に入る。家主のご主人と奥さんに挨拶をして、この家を借りたい旨を伝えたら、すぐにでも貸してくれるといいます。早速、家賃の交渉をすると、一カ月300ドルでどうでしょうかと言う。200ドルしか出せないのですと私は言うと、簡単にそれに応じてくれました。そんなやり取りの中、奥さんがやや元気がない様子なので「どうしたんですか？」と尋ねると、「家内は、マラリアにかかって、今やっと治りかけています」とご主人が答えてくれました。うーん、これはヤバイ、と一瞬思いました。私は家の周囲の茂った木を切って下さいとお願いしました。蚊の発生を防いでマラリアにかからないようにしたいと考えたのです。

タサエン村では、マラリアにかかる村民は、珍しくはありません。年間に村全体で、二〇、三〇人は、かかっていると思います。村には病院はありません。万が一、マラリアにかかったら、国境を越えてタイの病院に行くか、または、三、四時間ほど車を走らせて、バッタンバン州都の病院に行くことになります。

私は、まだマラリアの経験はありませんが、2008年9月に、デング熱にかかった経験はあります。

デング熱のかかり始めは、なんとなく身体がだるく、ゾクッとします。しばらくすると食欲はなくなり、夜はシーツを濡《ぬ》らすほど汗が出て、ほとんど眠れない日々が続きました。

三八度以上の熱を抱えながら病院で検査をすると、「デング熱の陽性反応がでました。白血球と血小板の値が正常値より下がっています。まだ、危険な状態ではありませんが、場合によってはバンコクの病院に移送します」と言われました。うーん、マラリアもデング熱も一度はやるのかなと思ってはいましたが、実際にそれを宣告されると少々ショックでした。

その後、点滴と検査を繰返し、五日後に（血液検査の結果）ようやく正常の数値に回復しました。しかし、体調が元に戻るのには、しばらくかかります。地雷処理のためのプロテクターやヘルメットバイザーを装着して本格的に現場に出るには、それから約一カ月の時間が必要でした。デング熱は、マラリア同様、蚊の媒体によって発病すると言われています。からないことを祈って、できるだけ蚊に刺されないようにしたい（これは、無理なことですが）と思いました。

以上のように少し心配な面もありましたが、この２００ドルの宿舎が私は、とても気に入りました。しかし、これでカンボジアに来ていくつ目の宿舎だろう？

様々な思いを抱えながら、ようやく腰をすえて地雷処理をする準備が整ったのです。

おらが村

タサエン村は「おらが村」だと、はじめから私はそう思いました。住んでいてどんどんその意識は強くなったということもありますが、「ここに腰をおろしてここに住み、一緒に村人と生活をしながら地雷を除いていこう」と、自然にそう思うことができたのです。

調査ではじめて来たとき、コミューン長や統括責任者との会議の席で「タサエン」という言葉がすんなりと出てきました。「タサエン村に住まわせてもらって、村の皆さんと、地雷の除去を一緒にやろうと思ってますのでひとつよろしくお願いします」と私は言いました。そのときにはまだ、タサエン村のことをよく知らないのに、ほとんどイメージさえないのに、「タサエン」とスッと言うことができたのです。私も自分で不思議だと思ったものです。

それくらい、違和感がなかったのです。村人の、明るさや温かさといった雰囲気や、いろんな意味合いで私には違和感がなかった。私の生まれた愛媛《えひめ》の山の中と似たりよったりだなあとも思いました。

２００２年から２００４年までの不発弾処理をしているときにも、いろいろな村の子供や大人たちと、不発弾を回収しながら接触してはいたのですが、ひとつの村に陣取ってずうっとやることはありませんでした。もちろん、親近感はあっても「行きがかりに出会う人」という感じと、「腰を下ろしてこの人たちとやるんだ」という感じとでは、やはり違います。そして私が腰を下ろす場所はタサエン村でした。それは自分で「そこへ行きたい」と、決めたことではなかったのですが、なぜかはじめから、ここは「おらが村だ」と感じたのです。

私は期せずして「タサエン村」という非常にいい場所に巡り合えました。

第七章　デマイナー

現場で考える

住民参加型の地雷処理、というイメージが最初からあったわけではありません。それは、地雷処理の現場研修に参加したり、いろんな経験や、いろいろな情報を知る中で、少しずつ見えてきたものでした。

ＣＭＡＣが運営資金の確保で諸外国と大変な交渉をしていることも知りました。私たちＪＭＡＳの自己資金もかぎられていました。だんだんと、各国からの援助が減らされたり、止める国が出てきていました。そうなると、地雷処理のプロとして活動している隊員に払う給料を減らさなければいけなくなったり、それどころか、活動することすら危うくなってしまいます。そういった状況の中で、ＣＭＡＣも私たちＪＭＡＳも住民参加型というイメージを固めていったのです。

それは、貧困に悩む村の実情にも合っているやり方だと思いました。

そうやって試行錯誤をして、そのときの実情を感じながら、そして実行しながら考えて、考えながら実行し、本質に合致するように修正して脱皮していく。現場から考えると物事の本質がよく見えてきます。そして本質を外さない物事の見方ができるようになります。現場には真実そのものがあります。私はそれを大切にしたいのです。そして、いつもそうやってきたのです。

デマイナーの募集

住民参加型地雷処理活動において実際に活動するのが「デマイナー」たちです。

デマイナーとは地雷探知員のことです。地雷は英語でマイン（mine）。地中に埋められている地雷・マインを見つけ処理すること、デマイニング（demining）することが、デマイナーの仕事です。

まず、デマイナーを募集することから仕事ははじまりました。

募集対象は、一八歳以上のタサエン村内に住んでいる男女。七九名の募集に、約二〇〇人の応募がありました。

選考基準の要項にしたのは、「被災者（ビクティム victim）のいる家族の中から」「貧困層の中から」「できるだけ女性を多く取る」ことを考えていました。

お父さんが地雷で足をやられた、といった被災者がいる家族の人。貧困にあえいでいる人。女性を60％以上採用するというのも大事なコンセプトでした。

それともうひとつ、タサエン六村の中で、この村はゼロ、この村はたくさんとならないよう、人口比にうまく合わせるよう気をつけました。

タサエン六村の、一番奥地にあるサマキ村から、歩いて四―五時間をかけてデマイナーの採用試験を受けに来たという村人もいました。その頃は、まだまだそういった状況を理解するだけの現状認識は、私には出来ていませんでした。

ＣＭＡＣの試験担当者が、応募者の書類を確認し、筆記試験、面接、身体検査を実施しました。純朴そうな若者たちは、実に熱心に試験を受けていました。私は、面接や身体検査を受けるため待機している応募者に通訳を介して、できるだけ声をかけて話を聞きました。

「どこから来たの？」「何時に家を出たの？」「家族は何人？」「地雷探知員に応募したのは

なぜ？」など、みんな素直に答えてくれました。しかし、聞けばその境遇はあまりにも気の毒な状況におかれていると感じました。

デマイナーたちの実情

【採用試験問題】

「なぜ、あなたは、地域住民参加による地雷探知員という仕事に興味をもったのですか？（考えを書きなさい）」

【回答】

私が、地雷探知員として働くことに興味をもったのは、私が食べるのにもお金が足りない、貧乏人だからです。暮らしに不十分なことばかりなのは、私に兄弟が多いからで、家もボロボロで、それを解決するためのお金もないからです。それは、少しの教育しか受けられなかったことからくるもので、たくさんいる家族兄弟にも収入がありません。全員に仕事がなくて、今日は、誰かがこれを探し、誰かがあれを探しという感じで、お腹が満たされることはありません。

私は、私が仕事に従事できる人間だということを、この社会に認めてもらいたいのです。それは、仕事ができるよい国民として、そして、いくらかの暮らしの改善を手助けできるよい息子として認められることで、また一人の国民として地域の地雷処理問題を解決するための仕事につけることで、私はとても温かい気持ちになると思います。社会に必要とされれば家族の中に誇りも生まれるし、社会に対する顔を持つことができるし、地雷と不発弾の残る自国を助けることによって、カンボジア国民を、地雷や不発弾などによる事故の恐怖から救うことができます。

だから、私のような貧乏人が、この仕事につきたいと思うのです。そして私は、もし自分がこの仕事につけるなら、ずっとこの仕事をやっていきたいです。

オー・トロチアク・チェット村　二二歳・男性

この回答にもあるように、デマイナーになりたいという、一番の大きな理由はやはり経済的なことでした。村は純然たる農村でほかに産業はなく、農地を持てずにいる人は雇われて農作業をし、少ない現金収入を得るのが精一杯でした。しかしそれも農閑期には滞ってしまいます。まれに、国境を越えてタイへ出稼ぎに行く女性もいました。

デマイナーになることができれば、安定した収入が得られる。それに、村や社会のために、地雷問題を解決するための仕事に就くことができれば誇りにもなるというのが応募者たちの思いでした。

そういった村人たちの中から選ぶことは難しいことでしたが、採用された七九名が、約六週間、トレーニングセンターで地雷除去に関する基本的な教育訓練を受けました。はじめて村を出たという人もいて、慣れない環境や、家族から離れた生活などが原因で、八人はギブアップ、七一人が卒業をしました。

デマイナーの中には、いろいろな人がいます。中には妊娠六カ月の方もいますが、それでも作業現場に来ています。小隊長はできるだけ軽易な作業をさせる配慮をしていますが、作業中は他のデマイナーの空になったペットボトルを持って溜《た》まり水を汲《く》みに行くなど、自分にできることをしようとする謙虚な姿に胸が熱くなります。

ある日、現場の地雷原の気温を測ってみると44℃ありました。猛暑の中での重い装備を身につけての作業に倒れる人もいます。劣悪の環境下でこれからも地雷除去は続けられますが、何年か後には、そこに学校が建てられたり、道路が出来たり、畑が出来たり、安心して生活できる場所になることをデマイナーたちは夢見ているのです。

私もまた、デマイナーたちと同じ夢を見ています。タサエン村が安心して生活できる場所になることを。少しずつそこに近づいていくことを。私はこのタサエン村に腰をおろし、デマイナーたちと一緒に、村人たちと一緒にやっていこう。「おらが村」で、みんなといっしょに。

デマイナーの一日

デマイナーは三三名でひとつのグループ、一個小隊になります。先に採用していた人と合わせ九九名、三個小隊が地雷処理作業にあたります。平均年齢は二四歳。その内の半数弱が女性です。

その中で「01小隊」というグループの一日を紹介します。

集合は朝早く六時三〇分です。作業現場近くの装備品を預けている家に集まり、金属探知機やプロテクター、バイザー付ヘルメットなどを持って地雷原に大型トラックで向かいます。

家が遠いデマイナーはこの集合場所まで自転車などで来ますが、家を五時半ころには出かけることになります。

地雷原に到着したら、まずそれぞれが持ってきた弁当（ご飯と少しのおかずを入れた極めて質素なもの）を広げ、みんな輪になって食べます。半分ほど食べて後は昼食分に取っておきます。水は以前は、各人が家の雨水をペットボトルに入れて持ってきていましたが、今は、飲料水が18ℓタンクで配分されています。

作業は地雷に誤って触れないために最大限の集中をして行われるので、一二名を指揮する班長はデマイナーの作業を注意深く確認します。休憩は、午前中一回、午後一回ですが、天候など、隊員の疲労度を考慮して、小隊長が統制します。四〇度を超すような厳しい天候の時は、三〇分くらい作業して、一〇分休むなど、隊員の体調に合わせて作業します。

午前中の作業終了は一一時三〇分です。デマイナーたちは、それぞれ木陰に行って輪になってみんなで昼食分に取っておいた弁当を食べます。食事が終わったらしばし休憩ですが、ほとんどの隊員は、小休止用のテントやハンモックで少しでも昼寝をします。

デマイナーの作業をチェックする筆者

一二時三〇分から午後の作業がはじまります。
対人地雷の中には傾けるだけで爆発するものや、トラップ（罠《わな》）が仕掛けられているものもあり、気が抜けない作業が続きます。地雷原の藪《やぶ》の中からコブラやサソリが出てくることもあります。藪の中は蚊に悩まされます。畑の中には蚊はいませんが、木陰がないので厳しい炎天下の作業になります。
午後の終了は三時です。装備品をすべて片付けて地雷原から出ます。この時がデマイナーたちがホッとする瞬間です。三時三〇分、器材を格納する倉庫に帰り解散です。デマイナーの顔も普通の娘さんや青年の顔に戻ります。私もこの時に飲む水は本当にビールより美味《おい》しく感じます。

手作業での地雷処理

カンボジア全土に埋められている地雷の数は、四〇〇万個から六〇〇万個と言われています。

デマイナーたちは、それを文字通り手作業で取り除いていっています。年間に処理している地雷はおよそ一万個。額面どおりに計算すると四〇〇年から六〇〇年かかることになります。しかし私はそのすべての地雷の除去を念頭においているわけではありません。大切なのは安全になった面積です。安全に耕作できる畑や、安心して歩ける道路を作ることが大切なのです。

地雷を除去する目的は、二つあります。その一つは、地雷による被災者を無くすこと。もう一つは、安全な土地を取り戻して、地域の復興を容易にすることです。

もっと効率よく地雷処理ができないのですか？　という質問をされることもあります。例えば機械や、地雷処理車を作って作業をすればいいのではないかと。

機械での地雷除去も少しずつ開発され、すでに実用化されたものもあります。しかし全《すべ》て

リラックスして昼食をとるデマイナー

の場所で使えるということではありません。巨大な樹林があるジャングルのような場所、急傾斜地、石がたくさんある場所、雨季の時期の泥濘《でいねい》地、対戦車地雷の埋設が予想される地域、作物を植えている畑の中などでは機械による作業はできない場合があります。地雷原は様々な場所にあります。手作業しかできない場所もたくさんあるのです。ですから機械作業が出来るところ、出来ないところと区別をする慎重な判断が必要なのです。まだまだ、デマイナーたちの手作業による地雷処理が必要とされているのです。

地雷処理という危険な仕事をするときに大事なことは、基本的な動作を慎重にやることです。デマイナーにはそのことを厳しく言います。怖いと常に思うことが大切です。怖くなくなったらデマイナーはしないほうがいい。私自身もそれは同じです。怖くなくなった時に事故が起きる可能性が高くなるのです。

そのために年に一回、そして必要に応じてリフレッシュ訓練というのをやります。つまり、気持ちを初心に戻して作業規律やテクニカルな面をもう一度最初に習った状態にするのです。これは事故を防ぐのにはとても大切なことです。

最近では、月の初めに、デマイナー九九名全員を集め「リフレッシュミーティング」というのをやっています。これも気持ちを基本に戻すために、その確認のためのミーティングなのです。

「ター」

「ター、ご飯食べましたか」

「ター、漬物が出来たので、持って帰りませんか」

「ター、そこは暑いのでこっちに来て、座りませんか」

「ター、遊ぼう」

「ター」「ター」「ター」と、朝から晩まで村人やデマイナー、子供達までが、本当に手厚く慕ってくれます。

村で毎日を暮らすうちに、私はいつの間にか村人たちから「ター」と呼ばれるようになっていました。カンボジアでは、男性に対し、「ボン」や「プー」、「オン」、「ター」という呼び方があります。ボンは、「お兄さん」、オン、プーは、「おじさん（親戚《しんせき》のおじさんではなく）」というような意味合いで目上の人と話す場合、言葉の最後に付けます。その最上級が「ター」で、しかし私を尊敬するということではなく、呼び方として「ター」と呼んでいるのでしょう。辞書を引くとターは「おじいさん」と書いてあります。最初の頃は、「ターではない、ボンじゃ、ボンと呼びなさい」と、冗談半分に抵抗していましたが、「チャー ヨルハーウイ ター（はい、わかりました、おじいさん）」となって、どうしても、「ター」と呼びます。

最近では、無駄な抵抗はやめて、ターと呼ばれて素直に返事をしています。

第八章　村の自立を目指した地域復興

見て見ぬふりができない村の実情

最初は、ただひたすら地雷処理だけを考えて活動していました。ところが、村に住んでいると、日々の生活の中で様々な問題が目につきます。見て見ぬふりができないことが多くあることに自然に気づいていったのです。

井戸が足りない、学校が足りない、文房具が足りない、学校に通う道路がない、ゴミが散乱している、大事に育てた農作物も安くタイに買い取られている、働く場所は畑だけ、地場産業もない。政府からタサエン村に与えられる年間のお金は、本当に少ない額です。

村が自立していくための、最低限の条件が整っていないのです。私は、折角ここで生活しているのだから、地雷の除去活動に支障がない範囲で、できることをやっていこうと思いました。

井戸掘り

まず水の問題が目につきました。すでに手押しポンプ式の井戸は、村に何基か整備されていたのですが、絶対数がまったく不足していました。ほとんどの家は、素掘りの井戸や、小さな池や、溝のような小流の水を汲《く》んで使っていました。雨季には、屋根から集めた雨水を大きなかめに溜《た》めて使っていました。

井戸があればきれいな水が使える。それに、素掘りの井戸は危険がありました。私が村に来てから、幼い子供を含め、三人が井戸の中に落ちて亡くなりました。地雷での死者は一人も出ていないというのに。

カムリエン郡内の井戸掘り業者を探すと、一業者だけあることがわかりました。ボンメイという名前のわたしと同じ歳の男で、彼に井戸掘りを依頼したのですが、こちらが注文した井戸がなかなかできない。完成した井戸がわずか一カ月で壊れる。五、六家族で使うはずの井戸が、二、三家族が使ったら、もう水は出ない。砂交じりの水が出る。ある井戸は、塩水が出て村民から苦情がきた。「ボンメイ、塩水が出たのですぐに場所を変えて掘りなおせ」

というと、「塩水でも水は水です」と、とんでもない言い逃れをする。「塩水は飲めない。それに洗濯も、モイタック（水かぶり）もできんじゃないか。契約書では生活に使える綺麗《きれい》な水が出る井戸を掘ることになっているぞ」と、そんな会話を度々しなければなりません。それを「カンボジア人らしさ」とは言いたくはありませんが「いい加減」なのです。

一度、私は彼に言いました、「ボンメイ！　お前はワシと一緒の歳や。お前もわしももういい、済んだ人間や。ちっとはいい仕事をして冥途《めいど》に行く準備をしたらどうだ」と。

とにかく仕事に信頼がおけないのです。もう、ボンメイに井戸掘りをさせることが嫌になっていました。

そこで「そうだ！　タサエン村に井戸掘りチームを作り、自分たちで運営させよう。そうすれば村の自立にも近づくだろう」と私は思いました。そのためには井戸を掘る機械（ボーリングマシン）を村で持つ必要がありました。そのためにはお金もかかるし、さあどうやってお金の工面をするか、と思っていると、日本からの個人援助があり、村人たち自らが運営する井戸掘りをはじめることができたのです。

六九基までは、業者に掘らせました。それ以降は村が運営する井戸掘りチームが掘っています。井戸を掘るだけでなく、井戸掘り機械が壊れたら修理をする。三名の作業チームを村が管理して、人件費や修理費などお金の管理をする。村民の要望に応じてどこに井戸を掘るかを決めるなど、ひとつひとつ自分たちで決めていく。それはタサエン村が自立していく上で、大変役に立つ結果にもなっています。

ところがせっかく掘った井戸が壊れて使えなくなっても、村人はそれを修理して再び使えるようにしようとしない。壊れたら壊れたままにしているのです。

これもまた、カンボジアの文化というのか、すべてが自然流で、お金も、食べ物も、井戸も、あったらあったように、なかったらなかったようにしているのです。

井戸を使っている家族を集めて、修理講習会をやったり、壊れやすい箇所の部品を事前に買っておくように指導したり、村ごとに井戸担当者を村長に指名してもらい、管理の責任を明示したりもしたのですが、なかなかうまくいきません。

カンボジアの人はおおらかであり、管理という言葉は無いと言っていいほど、その意識は非常に薄いのが現状でした。井戸を管理するということは、水の管理をすることだけではありません。お金の管理、人の管理、物の管理など、井戸の維持管理を題材にすることで、村

村が持つ井戸掘り機械

の管理・運営、そして自立へのいいヒントが生まれてきていると思います。

学校建設

タサエン六村には、現在、小学校が四つ、中学校が一つあります。

以前はまともな小学校といえば、オ・アンロック村とオ・チャムロン村に一つずつあるだけでした。

タサエン村の中心部から6㎞ほど離れているオ・タクラー村では、村民が自分たちの手で作った、粗末な木造校舎の小学校はあったのですが、子供たちも増え限界がきていました。

この村は1999年頃に土地を求めて入植した村民が作った村です。村に至る道路らしい道はなく、畑の中にある、わずかな道路らしいところを歩いて行くしかありません。雨季の時は、片道三時間は優にかかります。そんな状態では、やはり、村の中に、新しく小学校を建てる必要がありました。

しかし、その小学校の周囲はまだ地雷原でした。建設用地にするため、オ・タクラー村、オ・トロチェチェ村、サマキ村のデマイナーで地雷探知組織（05小隊）を編成し、地雷除去をしました。そうして安全になった土地に、今では日本のNGOからの援助で立派な小学校ができています。


また、タサエン村の中心部から約15㎞ほど離れているサマキ村では、小屋のような建物で勉強していました。この村は、正式にはまだ政府から認知された村ではないのです。この村も2000年頃に土地を求めて他の州から来た人たちで作った村です。タサエン村では、この村にも小学校が必要と考えていました。

日本に帰国した時、愛媛《えひめ》のある方から開発途上の国に小学校をプレゼントしたいとの申し出があり、早速、サマキ村のお話をしました。そして、地元タサエン村の建築業者にお願いして三教室の木造の立派な小学校が完成しました。建設に当たっては、村民が建設用地を村にプレゼントしたり、木をみんなで集めてきたり、屋根の塗装を村人が総出でやったりしま

サマキ村に建設された小学校

した。

「自分たちでできることは、自分たちでやろう」ということがわかってもらったと、大変うれしい出来事でした。

井戸も、ゴミも、学校も日本の皆さんの支援で、作ることはできます。しかしながら今のカンボジアには、それらを維持・管理するという「ソフト」の部分に、大変難しい課題があるのです。それができれば、自立復興は大きく飛躍するだろうと思います。

そのために、国、地方を問わず、社会を運営していく最小限の基本的なことのレベルを上げなければならないと思います。それは、正に「人の教育」にかかっている。「人を育てなければならない」と思うようになりました。ときには地雷原のそばにある

雨季の村の道路

中学校に行って、履きものの並べ方を教師に教えたりすることもあります。教師が不足するカンボジアでは、管理する能力を教えることまで教師に期待することはできないのか、最初からそんなことは気にもかけていないのか――いずれにしても、管理というソフトの部分の能力を上げないと、正しい支援には繋《つな》がらないように思います。
そんなところにまで、首を突っ込んでいるので、「ターは影のコミューン長」、そう呼ぶ人もいるようです。

道路建設

道路もまたひどい状態でした。

学校へ通うにも、地雷原へ作業をしに行くのにも、田んぼのような道路を通うほか道はありません。乾

日本の寄付で完成した道路

季のときはいいのですが、雨季になると使えなくなる道路もありました。

なんとかしなければと思っていると、日本の方からの寄付があり、計画していた5kmのうち、まずは2kmの道路を作れることになりました。

私は現役の自衛官時代に道路建設の経験がありました。道路というのは、堅固な路盤、線形、材質、排水、施工法など、基本的なことを理解して構築すれば、きっちりとした道路ができる。そして、カンボジアの気象条件や、村人が使いやすい道路という観点から、村人の意見を十分に聞いて設計すれば、カンボジアにあった道路ができます。例えば、日本では、道路の両側の傾斜になった部分は、道路用地幅の関係などから、かなり、急になっていますが、カンボジアの村の道路は、雨季の時の激しいスコールから崩壊を防ぐためや、道路わきで草などを食べて過ごす牛のためといった、その国の文化や生活習慣に見合ったことを理解して、作らなければならないのです。

バッタンバンの業者に工事を依頼し、見積もりと設計図を持って来てもらいました。それを見ると不具合な設計が見つかりました。雨季の時の排水を考え両側側溝にしなくてはならないところを、片側側溝にしかしていない。燃料代がどうのこうのと、またもや言い訳をする。カンボジアで業者と仕事の調整をしようとすると、なかなか一筋縄ではいかないことが多いのですが、またここでも井戸や学校建設の時と同じように、業者にこちらの望む仕事をさせるために大変なエネルギーがいりました。

「道路の法面《のりめん》（道路幅の両側にある傾斜面）を締め固めるアタッチメントはありますか？」

「ありません」

「どうするんじゃ？」

「ローラーでやります」

「ローラーなんかで、斜めになった法面の締め固めができるか！　そんな工法はない」

そんなやり取りをすると、相手は「地雷屋さんがなぜそこまで道路に詳しいんだ？」と、驚いたようでした。

日本のＮＧＯの仕事をすることは、カンボジアではステータスになる。そこで私はそれを強調して「ここで儲《もう》けなくても、やっただけで次からどんどん仕事がくるだろう」「びしっ、とした立派な道路を作ったらそれがあなたの会社の顔になるんだから、ワシの言うことを聞いてその通りにちゃんと作って下さい！」そう業者に言うと、「もう一度設計図を修正して持ってきます」と。私の言うことを理解してくれたようでした。そんなふうに、現場でもいちいちうるさい注文をつけて、道路建設に当たったのです。今ではびくともしないような立派な道路ができています。

日本語教室

私の宿舎の近くの小学校の教室を借りて日本語教室を開いています。近くの子供たちや村人が生徒です。授業は、地雷原の作業が終わって、宿舎に帰り、水をかぶって元気を取り戻して、午後五時から六時までの一時間です。月曜日から土曜日、タサエン村に居るときには、毎日やります。

日本語教室をはじめたきっかけは、オ・タクラー村、オ・トロチェチェ村、サマキ村の村民で編成した「05小隊」がタサエン村の中心部から離れていて、雨季の時期には、その地域では地雷探知の作業ができなくなることでした。そこで彼らに自分たちの村から出てきてもらい、テントで生活をして雨季でも作業ができる場所で、地雷探知作業をしてもらうことになったのですが、彼らは「村から出るんだったらみんな、デマイナーを辞めます」と言うのです。私は内心困ったなと思ったのですが、負けるわけにはいきません。「全員辞めていいぞ、まただれか雇うから。サヨナラ、サヨナラ、お前らともお別れじゃ」と、強がりで言うと、家庭の都合でどうしても村を離れられないという一人を除き、全員がその方針を受け入れて、村から出てきてくれました。気の毒だなあ、という気持ちもあったので「ターの近くにいるのもまんざらじゃないな」ということを味わわせてあげたかった。何かしてあげなければと思い、考え、宿舎の近くの集会所で日本語教室を始めることにしたのです。

そうして私の最初の生徒になった05小隊のデマイナーとその家族に日本語を教えていると、そのうちに、日本語教室に入りたいという人が増えてきました。子供たちや、いろんな人が

夕方五時から始まる日本語教室

来るようになり、集会所では収まりきらなくなって、小学校の教室を使うようになりました。最初は一教室ではじめたのですが、今日、明日、明後日と、どんどん人が増えていく。毎回毎回新人がいる。授業がまるで進まず「おはようございます」ばかりを繰り返しました。一時期には二〇〇人くらいにもなり、窓から覗《のぞ》く人もいました。

そのうちに私もだんだんとペースがつかめてきて、「あいうえおかきくけこ」を全部読めて書ける人は私が見る、初心者や子供はJMASの同僚の高田さんが見る、そういう役割分担もでき、現在は、私の組は二五人くらい、高田さんの組が三五人くらいの生徒数で、日本語教室が開かれています。

中にはかなり日本語を喋《しゃべ》れる子もでてきました。うれしいことに、日本の高校（青森の光星《こうせい》学院高校）からお話があり、姉妹校のお世話をすることになりました。この地域のカムリエン郡は、一校しか高校がありません。それで、私は、郡長などに話をして、この縁組を勧めています。私が日本語教室で教えていた二名の生徒も、今年からそのカムリエン高校に入学することになり、その日本の高校に留学という望みも出てきました。

タサエン村という、カンボジアの中でも「片田舎《いなか》」な場所で日本語を教わることができる。現地の人にとってこんなチャンスはないことです。カンボジアでも、都会と田舎では、やはり格差があります。

そこで「コンピューター教室」も始めました。毎週日曜日の午後に宿舎でやっています。お金持ちの息子達は、バッタンバンやプノンペンへ行かせてもらえるのですが、大半の村人は行けません。「それならここでコンピューターもやろう」と思ったのです。状況の格差はあっても、頭のいい子、やればできる子はたくさんいます。歩いて遠くからコンピューター教室に通って来て、熱心に学習していく。どんどんコンピューターを理解し憶える。そういう子を見れば、見てみぬふりはできません。「なんとかしてやりたい」と思います。それは絶対に本人にもいいことですし、日本にとってもいいことで、カンボジアも良くなることとなのです。ちょっとチャンスを与えるだけでいい。それは我々にできることで、他の村人の励みにもなります。

いいこと、いい支援ならやったほうがいいし、やらなければいけない。そしてそれは現地で、村に住んではじめて見えてくるのです。

そういったことがなかなか理解されずに、周りの人間とぶつかることもあります。けれど、現場は刻一刻変化します。現場は、正に生き物です。そして、そこには真実があります。

支援も、現場に合っていなければ意味がありません。

ゴミゼロ運動

それから私は、村の自立に向けて、みんなに参画意識を持たせるために「ゴミゼロ運動」をはじめる提案をしました。

「ゴミをゼロにしなければいけない」と思った理由は、理屈ではなく、「汚い」からでした。私にとってカンボジアは「よその国」ではありません。おらが国、おらが村だと、そう思っています。ですから、自分の家の掃除をするのと一緒で「汚いからゴミをなくそう」と思ったのです。

「これをやろう」と、はじめから決めていたわけではありません。水が必要だからと井戸を掘ることが、「井戸掘りは村の管理運営の練習になる」という考えにつながっていく。汚いからゴミをなくそうと思ったことが「ゴミゼロでみんなの心をひとつにしよう」という思いになっていく。それはひとつずつのことをずっとやっているうちに、現場で感じ考えたことで、行き当たりばったりの、私らしい行動でしょう。

しかし「ゴミを捨てたらだめだ」と思わせるのは、かなりどころではなく、不可能なくら大変なことです。通訳のソックミエンが言っていました、「カンボジアでは、ゴミを捨てる人が普通の人で、ゴミを拾う人は変な人です」と。「うーん、そうか、この運動は、革命に近い運動のようだな。やらなきゃよかった」、そう思いました。

「なかったらなかったように。あったらあったように」の自然流のカンボジアでは、食べたらそのまま捨てる、使ったらそのまま捨てるのが普通なのです。それは「文化」でさえあるようです。ゴミをきちんと捨てる習慣がまずない。「これは地雷を除去するより大変なことだ」と思ったくらいでした。そんなことにチャレンジしようと思うほうがおかしいわけで、私はやはりへそが曲がっているのでしょうか？

シャンプーするのにも使い捨ての小さなパックを使い、それを井戸のまわりに必ず捨てる。そのせいで井戸のまわりはいつも汚い。通りかかって、ゴミが落ちていれば、ゴミを拾ったり、みんなに「ソーム　ルー　ソムラン（ゴミを拾って下さい）」と呼びかけたりしました。

ゴミゼロ運動のコンテストも開きました。村人の発案で国際環境デーに合わせて行われ、農耕用のトレーラー四〇数台のデモ行進をしたり、七〇〇人くらいの人が集まり、村人総出のとてもにぎやかなコンテストでした。評価項目を作って順位を決め、商品や賞金も出しました。ゴミを拾うための手袋や洗剤など、たくさんの品物が用意され、ＪＭＡＳからはノートとボールペンを商品に出しました。

みんなのゴミに対する意識は、少しは変わったかな？　と思うと同時に、ちょっと心配もしていました。「いつもの通りどこかに落とし穴があって、ずっこけるんじゃないかなあ」

と。

各村のゴミゼロ運動委員が月に一回、集会所に集まって、現況を報告したりするのですが、その集会でどうも様子がおかしい。「どうかした?」と通訳に聞けば、「村の人たちは、このプロジェクトでゴミ箱を作ったらお金が貰《もら》えると聞いた、だからみんな一生懸命ゴミ箱を作った。そのお金はいつもらえるんですか?」と、そんなことを言っているというのです。

私はもうがっくりとしてしまいました。「やっぱり落とし穴があったわい」と。

「私は悲しい。自分たちの家や村のために、自分たちがやれることからやるという意味で、みなさんが積極的にゴミ箱を作った。私はそう思っていました、つい先ほどまで。それがみなさんは何ですか、あなたたちにはもう本当にがっかりした、もう私はやめた、日本へ帰る」そう私は脅し半分で言いました。

実は、以前にも井戸を自分たちで修理して使おうということを村長会議の時に言ったら、積極的な賛同の声は、なかったのです。

「あなたたちがそういう考えだったら支援をする意味は無い、私は日本の人にこんなことは言えない。みなさんが頑張って井戸を掘るから、環境をよくするためにゴミをなくしたり、

ゴミゼロ運動の看板

村の改善に頑張っているから日本に支援をお願いしている。お金を持っていない人でもみなさんのことを思って寄付をしてくれる人もいる。あなたたちがそういうことだったら、日本人がカンカンになって怒りますよ。私も日本人を裏切るような、ペテンのようなことはやりたくない、もうやめたやめたっ！」

　そんなふうに、最近はたまりかねたら我慢せず怒るようにしています。そういった信頼関係ができて、そこまで持って行ってはじめて支援にたずさわれるのだとも思うのです。もちろん怒らないほうが気持ちはいいし、気分はいいけれど、ニコニコしているだけのうちはまだ旅行者のようなもので、まだ本当に支援のことを考えていないのでしょう。「本当にこれだけはやらないといけない」と思ったら、怒ることも目的を達成するための手段になるはずです。

そういうようなところから、本質が見えるような気がします。

「ターが、やかましいこと言うから」とやっていたゴミゼロ運動も、少しずつ成果があらわれ、日本人の関係者がタサエンに来ると、「高山さん、前に来たときはすごかったですけど、今はきれいでゴミ箱も置いてあって、以前とずいぶん変わりましたね」と言うようになりました。

しかし、私は、とんでもない、まだまだこれからだと思っています。熱が冷めたら、また本来のカンボジア式になってくる。完全にゴミをなくすことを自覚し、それが習性化し、文化にならなければ本物になったとは言えないのです。

井戸に関してもそうですが「ターに見つかる前に、修理しておかないと……」と戦々恐々としている村長もいます。

焼酎つくり

井戸ができても、きれいな道路があっても、村にお金を作ることを考えないと、自立も空想にすぎません。何かいい地場産業をおこせないだろうか?

ダムロンという芋

この地方の主作物は、ダムロンミーという芋と赤とうもろこし、そして、最近では大豆も多くなりました。ダムロンは、雨季の走りの雨が降り出した頃の3月から5月頃までに、畑に植えつけます。収穫は11月頃から3月頃までがほとんどです。

これらは、すべてお隣りのタイに安い価格で買い取られます。何とかこの芋に付加価値をつけて売れば、タサエン村の収入になるのではと思いました。それなら「芋焼酎《いもじょうちゅう》」を作ればいい。私はそう単純に考えました。

調べてみると、村で芋焼酎を作っているところはどこにもありません。宿舎の近所のおばさんに「芋焼酎は作れるか?」と聞けば、「やったことない」と言います。「やったことなくてもいい、米で焼酎を作ったことはあるだろう、それと一緒じゃ」と芋焼酎を作らせてみました。

日本からも協力を得て、元麹《もとこうじ》をもらって日本から運び、できた芋焼酎を持って帰ってきてはその出来ばえを見てもらいました。麹の作り方も教わり、二年ほど実験として焼酎作りを続けると、地場産業として自立できるイメージができてきました。

蜂蜜《はちみつ》を入れた焼酎も作ってみました。これが非常に飲みやすくて旨《うま》い。日本にも輸出をしたいと思ったのですが、法律などいろいろあって難しい。当面はタイでその焼酎を流行させてみたいと、交流のある人に飲んでもらい、口コミで広げていきたいと思っているところです。「カンボジアで旨い酒が採れるぞ」と、そうなればうれしいことです。

そのためにも、きちんとした量産体制を整え、一年を通してきちんと出荷できるようにもしておかなければいけない。ダムロン（芋）の採れる時期の11月から3月の五カ月間に、どんどん村のおばさんたちに作ってもらう。保存もきちんとしなければいけない。設備も今はワンセットしかないので増設する必要があります。それから、流通という面もいろんな人に教えてもらわなければならないでしょう。そうして軌道に乗ったら、あとは「村人が自分たちでやる」ことです。

焼酎を村で作り、経営をする。村の自立につながる地場産業の目途《めど》は、これからのやり方次第です。

「やって・みせて」、そうしてやっとカンボジア人は、「なるほど」と思う。それを口で言ってもやはりダメです。貯金をしろと言っても「そんな細かいお金をいちいち持っていってもしかたがない」という感じで、風習・文化を変えるのは難しいことです。

井戸掘りでも、焼酎作りでも、やって・みせる。そうして、支援から、自立へと道を開いて行くことができるのだと思います。

第九章　村の生活

大人たちの生活・子供たちの生活

タサエン村の人たちは、実にのんびりと暮らしています。日本人の私の尺度から見れば「ぶらぶらぶらぶらぶらぶら……」としています。

村人のほとんどが農民なので、畑がいそがしいときにはけっこう活発に働き、いそがしくないときはハンモックに揺られて寝ている。昼間から座を組み、酒を飲んでいい気分になっていることもあれば、おばちゃんたちがトランプで賭《か》け事をして遊んでいるのを見かけることもあります。

若い娘の出勤時間は朝六時から六時半で、出勤といっても弁当を下げて鎌《かま》ひとつ持ち、七、八人で一緒に畑へ歩いて行く。あるいはトラクターやトラックに山盛りに乗って、どこかの畑へ行く。ようするに畑と生活をしているのです。なにせ「のんびり」「ゆっくり」「ぶらぶら」の生活です。

そんな生活の中で、私がいつも最高だと思うのは、揉《も》め事でがたがたしている光景をまず見ないことです。みんながフレンドリーというか、仲良しというか。隣との諍《いさか》いも、親子、兄弟の諍いもまずありません。親類縁者、兄弟、親子、そういうことを非常に大切にするように見えます。村人たちがよく使う親愛の表現で「お前は家族だ」「お前は兄弟だ」と言うことがあります。その中に入って生活していると、どこへ行っても心地がいいものです。どこの村に行っても、疲れたら私は、木陰の木や竹で作った台の上に横になります。すると決まって、その家の人は、枕《まくら》を持ってきて頭の下に敷いてくれます。

村の青年たちの間では、バレーボールとビリヤードに人気があります。ビリヤードは軒下《のきした》で、バレーボールは田んぼの中や空き地にネットを張ってやっています。

子供たちも実に自由です。

田んぼや畑を遊び場にしてゴロゴロ転がって遊んでいます。

今は、森の木も切られて、森が少なくなったカンボジアですが、昔は「森の民」と言われていた時もあったそうです。ですから、村の人たちは誰でも炭を簡単に焼きます。そして簡単な家を自分たちで作ります。また、木の実や野草、木の新芽、バナナの花、きのこ、ヘビ、カエル、コウロギ、蟻《あり》、田舎《いなか》では野ネズミなども食べます。本当に何でも食べます。

もちろん学校にも行きます。二部制で、午前の組は七時から一一時半まで。午後の組は一時から五時まで。学校がはじまっている七時頃にトコトコ歩いて登校している子もいれば、まだ授業中の一〇時頃に学校から帰ってくる子も見かけます。以前は、「普通に学校に行く人」「まったく行かない人」「辞めた人」「行ったり行かなかったりする人」と分かれていましたが、最近は就学率が上がってきているようです。まったく学校へ行かない子は少なくなったでしょう。

学校は義務教育ですが、日本の感覚からすれば思った以上にお金がかかります。先生の給料（30ドルくらいから80ドルくらい）が非常に安いので、お礼を渡したりもしなければいけないようです。先生は昔の日本のように「聖職」といった感じで非常に尊敬されています。

また一方で、働こうと思っている子供たちもいます。

作物の収穫時期になると、例えば大豆や小豆《あずき》を「ちぎり」にいく。何kgちぎったらいくらと、畑の所有者から賃金を貰《もら》う。午前は子供でもできるそういった仕事をして、午後は学校へ行く、そのように働いている子供もけっこういます。

食事

食事は一日三回、朝、昼、晩と食べますが、日本ほど規則正しい食事時間ではありません。まず、家で朝ご飯を食べて出勤するということが日本のようにはありません。畑へ行く人は、弁当を朝ご飯分と昼ご飯分の二食分持って行き、それを食べます。しかし、きまった時間に食べることは少なく、「腹がへったから、食事にする」というように見えます。

本当に不規則というか「こうあるべきだ」というのが無いのです。「折り目切り目」というのもありません。すべてが自由で、自然――私もだんだんそれに、はまりつつあります。

食事しているところを通りかかると、決まって、「ニャンバイ ハーウイ（ご飯食べましたか）」とか、「ホバーイ（ご飯食べませんか）」と声をかけてくれます。挨拶《あいさつ》言葉になっているようにも思います。私は「ハーウアイヤ（食べましたよ）」と、返事します。何とも、相手を気づかった実に優しい響きの言葉だと思います。

食事のスタイルは、みんなが座になって、中央に少しの料理を並べて、各人はご飯皿（平皿）にご飯を入れてスプーンで食べます。料理を自分の皿に少しずつ取って、ご飯と一緒に食べます。

この時、面白いのは例えば、五人前の料理の量が、七人でも、一〇人でも問題ないのです。しかも最後に、少し余るのです。ずっと前に、私は、カンボジア人に、「どうしてですか」と聞いたことがあります。そしたら、「奪い合えば足りませんが、分け合えば余りますよ」と言いました。うーん、なるほど……と思いました。そして、食べ終わった人から、さっさと座から自分が使ったご飯皿をもって立ち去ります。

主食はお米で、おかずは少し。魚が一尾もあれば一食分のおかずになるくらいです。そのかわりご飯は腹いっぱい食べます。日本人の倍くらい食べているでしょう。これもまた、私自身もだんだんとカンボジア風の胃袋になってきていて、おかずを少なくご飯は腹いっぱい食べるようになりました。日本と変わらない米で、とてもおいしいのです。

カンボジアの食べ物は、みんな好きですが、中でも一番好きなものは、「ポロホック」という食べ物です。小魚を塩漬けにして、壺《つぼ》で熟成させたものですが、カンボジアではとてもポピュラーな食べ物です。日本の味噌《みそ》にあたるような食べ物です。野菜につけて食べたり、スープの出汁《だし》や味付けとしても重宝に使われます。

おかずは魚と肉。肉は鶏、牛、豚を食べます。魚は、トンレサップ湖や川で獲れる淡水魚が殆《ほとん》どですが、タサエンではタイから海の魚が入ってきます。基本的に家庭に冷蔵庫はないのでプサー（市場）にその都度、買いに行きます。タサエン六村のうち、二村に電気がきているので、もう少ししたら冷蔵庫が村にちらほらと現れ始めるでしょうか。

お盆・正月

カンボジアの三大行事は、正月（チョーチュナムトマイ）、お盆（プチュンバン）、それと11月の水祭りです。

正月は、4月14、15、16日ですが、すくなくともその前後一週間くらいは休みです。その上、4月いっぱいみんな正月気分になってしまいます。4月に入ったら一日から正月気分で、仕事にならないほどです。みんなは、ほとんど出身地に里帰りします。

その期間は地雷処理も一〇日ほど休みを取ります。村の雰囲気としてそう決まりました。私の通訳や運転手、ハウスキーパーも里帰りしますので、私は、その間、自立して生きなければなりません。

お正月の行事としては、みんなでお寺（ワット）に行って、お坊さんにご飯を上げる行事があります。ちょうど、日本の初詣《はつもうで》のような雰囲気です。それから、道を通る通行人に水をかけることや、白い粉を人の顔に塗ることなど、みんなではしゃいで楽しみます。お酒を飲んで、ランボンという踊りを踊ります。

「プチュンバン」も9月いっぱいプチュンバン気分が続きます。水祭りはそれほどでもありませんが、やはり一週間から一〇日は休みになります。とにかく休みを多く取るのです。

とても、感心するのは、村人みんながワットに行くことです。この時期は、朝から晩まで一晩中と言ってもいいくらい、ワットからは大音量でお経が流され、また、何か音楽のようなものが流されます。村民は、朝の三時ころからワットにご飯や果物やお菓子を持って行きます。本当に熱心な信仰心には、頭が下がります。

収入のないお年寄りには、働いて収入のある孫や子供から、お金などの贈り物をする習慣があります。これは、ちょうど、日本でいうお年玉のようなものです。日本は、おじいさんやおばあさんが、孫にあげる習慣のようなものですが、カンボジアではお年寄りが孫や子供から貰《もら》ったお金は、ワットに寄進したり、お盆を過ごすために使われるそうです。そんな光景は、実にほのぼのとして、お年寄りを大切にするカンボジア人の優しさを感じます。

「プチュンバン」のときは、日本でいうと柏餅《かしわもち》のような、米の粉をバナナの葉でくるんで蒸し、その中にバナナや豚肉などを入れたものをたくさん作って、お世話になったところへ配る習慣があります。

わたしは好き嫌いがほとんどないのですが、実はその餅を、あんまりたくさん食べたいとは思わないのです。ところが毎回どっさりと頂く。ありがたいやら、複雑な心境です。

他にも、ニワトリを貰ったことがあります。食べるのが普通なのでしょうが、大家のおばあちゃんに「もらったよ」と渡したら放し飼いにし、それが今では三〇羽くらいに増えています。

増えたから食べようと村人は思っているようですが、「ターはあれは食べないだろう」と遠慮してくれているようです。

結婚式など

タサエン村で暮らすようになってから、結婚式や法事など、さまざまな場所に招かれることが多くなりました。月に六回も結婚式に出たこともあります。

そういうこともあって、今では特別な関係でない限り、結婚式は10ドル、お悔やみごとの場合は5ドルくらいを包む、と決めています。お悔やみごとや法事のときは料理がお粥《かゆ》と決まっていて、お粥ならそんなにお金がかからないだろうという判断でそうしているのです。結婚式ではとても10ドルではきかないくらいの料理が出てきます。

大家さんの娘が結婚したときは、父親が数年くらい前に亡くなっていたので、私が父親代わりとして出席しました。

今では、男の赤ちゃんが生まれて、「ター、名前をつけて下さい」と家族から頼まれたので、私は赤ちゃんに、「FUJI」とつけました。富士山の富士です。

あるとき、国境の向こう側、タイから招待状が届きました。

何の招待だろう？　と思ったのですが、私にはその招待状が読めません。それに、タイ語は通訳も読めなかったのです。招待されることは数多く、考えても仕方のないことですので、とにかく行ってみると、会場がサーチライトや電球で飾られ、売店まで出ていてすごい賑《にぎ》わいです。

「これは何のお祭りだろう、私が行く会場はどこかなあ？」と思っていると、そこが私の招かれたところでした。聞けば、その招待状をくれた人の親戚《しんせき》がお坊さんになったお披露目《ひろめ》のパーティーでした。すごい数の人がすでにテーブルにいて、その真ん中をエスコートされて歩きメインテーブルに着かされました。私の隣に座っているのが現地の副知事で他にもお歴々風の方がたくさんいます。私もどうやら主賓として招かれたようだとそのときやっと気付きました。

たくさんの招待状を頂くので、よくわからないまま行くことも多い。わたしはいつもそういった場に出るときには、日の丸を付けたＪＭＡＳの制服で出ることにしています。

カンボジアの結婚式はだいたいたい形式が決まっています。フルコースの料理が出て、日本とは逆に、帰るときにお祝いのお金を渡すのがカンボジア流です。それはなぜかと聞いたら、出された料理しだいで、お金がかかっていそうならそれなりに入れて、そうでもなければま

村の結婚式

たそれなりに、ということでした。私も一回カンボジア流にやろうとしたのですが、酔っ払ってお金を渡さずにポケットに入れたまま帰ったことがあって、最近はもういいかと日本流に最初に渡すようにしています。

結婚式では「ランボン」という踊りをみんなで輪になって踊る習慣があります。長いときには四時間くらい踊り続けるのです。普通の会話をしていてもランボンの話になると、とたんにくだけてしまうくらいで、みんなランボンが好きです。結婚式では座ってゆっくりしていられないくらいなのです。

みんなに「歌を歌え」と言われて私の十八番《おはこ》になったのが、橋幸夫の「潮来笠《いたこがさ》」です。

歌えと言われてもカンボジアの歌は知らないし困

ったなと思っているとと、ある人が日本の歌があると教えてくれた。それが「潮来笠」だったのですが、カンボジアでは有名な曲になって、多くの人は日本の歌だとは知らないようでした。酔った勢いもあって歌ったら拍手喝采《かっさい》を浴びました。「何でターはカンボジアの歌を知っているんだ?」と喜んでもらえたのです。それからは、結婚式に呼ばれるたびに歌わされるようになってしまい、今はどこでも「潮来笠」一本です。

その「潮来笠」でまたみんなが踊ります。どんな曲でも踊ってしまうカンボジア人のリズム感は日本人よりはるかにいいようです。五歳くらいの子供でもリズム良く踊っている、地雷の被災者が義足で〝タカタカ、タカタカ〟と踊っている。「このおっさんよう踊るなあ」と思う。本当にみんな踊りが好きな人々です。

踊りのときは、老いも若きも金持ちも貧乏人も男も女も何もないような雰囲気になります。浮浪児のような子がほとんど裸のような格好で踊っていたりもするのですが、そのときは誰も何も言いません。「出て行け」などと決して言うことはないのです。それに、そういう子もわきまえていて、料理がたくさんあっても、勝手に食べたり、まして盗んだりすることはありません。くれたら貰う。そういう文化ができています。

そういう人々の姿を見ると、やはり感動を覚えます。

私もいろんな行事に参加して、少しずつ「こういうものか」と理解できるようになりました。

第一〇章　事故

事故の知らせを聞く

２００７年1月19日（金）、午前8時45分は、余りにも悲しすぎる時刻になってしまいました。

カンボジアのバッタンバン州カムリエン郡タサエンコミューン、オ・チャムロン村の地雷原で、埋設された推定八個の対戦車地雷が爆発して、デマイナー7名が、一瞬にして亡くなってしまったのです。

私は、その知らせをプノンペンのＪＭＡＳ事務所で聞きました。その日夕方の便で日本へ一時帰国するため、前日の18日タサエン村を離れ、バッタンバンの事務所に一泊、19日早朝にバッタンバンを出発し、プノンペンの事務所に着いて間もなく訃報《ふほう》が届いたのです。

訃報を電話で伝えてきたのは、現地代表の園部さんでした。私の一時帰国の間、現場指導をしてもらうためにタサエン村に移動をしていて、その時にあった出来事でした。

「高山さん、01小隊の地雷原で、対戦車地雷が爆発して、二名が現場で倒れており、小隊長他数名が不明になっているようです」

私は知らせの状況から、大惨事になってしまったと直感しました。すぐに帰国を取りやめ、事務所を出発し、タサエンに引き返しました。引き返すといってもプノンペンからタサエン村までは、総距離430㎞。その内バッタンバンから先の約140㎞は、未舗装の凸凹道なのです。時間にして、九時間はかかります。

車の中では、できるだけ冷静になろうと努めました。そして、プノンペン事務所や園部さんとの連絡を携帯電話でとりながら、関係者への連絡や対応に間違いのないようにお願いしました。

詳しい事故の状況は、なかなか入ってきません。不明者が何人なのか？　怪我人はいるのか？　倒れている二名の生存はどうなのか？……、気持ちは焦りました。

途中、車の故障で一時間ほど足止めを余儀なくされ、タサエン村の宿舎に到着したのは、夜中のことでした。

残念なことに7名の死亡が確認され、すでにその日の夕方、亡くなった7人の家で、それぞれ通夜が行われていました。通夜には園部さんが出席したとのことでした。

宿舎には、園部さんと、カンボジア人スタッフ、事故があった01小隊のスーパーバイザーが待っていました。何を話したかは、覚えていませんが、一言二言話をして、後は無言だったように思います。

夜中は何も対応できないので、とにかく休もうということになり、横になりました。

タサエン村へ向かう車の中では、何とか落ち着いていた気持ちも、横になってからは動揺し、頭が変になるのではと思うほどでした。

なぜ私がタサエン村を離れているときに……

なぜ私が現場にいないときに……

さまざまな思いが浮かび、頭から離れず、眠れぬ夜を過ごしたのです。

葬儀

翌日、早朝から殉職者7人の家で、それぞれ葬儀が行われました。

葬儀には私が出席しました。園部さんは宿舎で待機し、タサエン村に向かっているCMA

Cの副長官や関係者への対応に当たることになりました。

01小隊の倉庫に行くと、ある女性デマイナーが私を見つけ走り寄り、私にしがみついて泣き崩れました。私も声を殺して泣きました。

倉庫から畑の中を100mほど行ったところにある、殉職した女性デマイナー、チア・ホーンさん（三六歳）の家に行くと、ご主人が出てこられ、私はご主人と無言で抱き合って泣きました。チア・ホーンさんの遺体は、棺に納められていました。四人の小さな子供と、地雷で片足を失っているご主人を見るのは大変辛《つら》いことでした。

次に、オ・チャムロン村のタン・ダエンさん（二四歳）の家に行きました。彼はチア・ホーンさんのチームリーダーでした。遺体は残念なことに体の一部しか見つけることができず、小さなお皿にわずかな遺骨が供えてあるだけでした。彼は、近所の女性ともうすぐ結婚することになっていました。

シム・ラットさん（二四歳）の家は、タン・ダエンさんの家の隣でした。彼女の遺体もまだ発見されていません。彼女は、一歳くらいの女の子と若いご主人を残して逝《い》ってしまったのです。シム・ラットさんのお母さんが幼い女の赤ちゃんを抱いていました。

オ・チャムロン村の一番端に、トン・ホップリーさん（二二歳）の家がありました。最初にお父さんにお会いしました。お父さんは「私の息子は、村のために地雷を除去する仕事で亡くなった。その息子を私たち家族は、誇りにしています」と言われました。それは、悲しみを一生懸命に堪《こら》えながら、精一杯、私に気を使ってくれた言葉に聞こえ、私も声を殺して泣きました。彼も、一緒に亡くなった女性デマイナーのスレイ・ロットさん（二六歳）と結婚の約束をしていました。生前二人で撮った写真が飾られてあるのが新たな悲しみを誘いました。

デ・クロホーム村のチョン・ルーンさん（三二歳）の家に行き、奥さんにお会いしてお悔やみを言うと、奥さんはただ手を合わせて、無言で悲しい顔をされました。この頃には、もう涙も出なくなっていました。小さな子供四人と奥さんが残されました。遺体は発見されず、遺骨のないままのお葬式でした。

小隊長だったディップ・チューンさん（四五歳）の家は、オ・アンロック村の端にありました。小柄な男性でしたが、小隊長として頑張っていました。子供四人と奥さんを残して逝ってしまいました。彼の遺体もまだ発見されていませんでした。

スレイ・ロットさん（二六歳）は、オ・チャムロン村にある、彼女のお姉さんの家に住んでいたのですが、葬儀はバーバル郡にある実家でやることになっていました。参列を希望する01小隊のデマイナー数名を連れて、タサエン村からバーバル郡まで車で二時間ほどかけて行きました。途中、ソ・テーラという女性のデマイナーが、余りの悲しさに気を失ってしまい、車を止めて介抱しながら向かいました。

彼女の遺体は、棺に納められていました。家族や親戚《しんせき》が棺に寄りかかっていました。言葉に出ない悲しみを見て、私は正座をして深々と頭を下げました。

遺体の捜索

葬儀の翌日から、事故現場に行き、まだ発見されていない四人の遺体を捜索しました。事故現場には、直径5mくらい、深さ1・5mくらいの、大きな爆発の後の穴が開いていました。真黒な土が不気味に盛り上がり、爆発の凄《すご》さを物語っていました。周囲にはまだ、彼らのものと思われる遺品が、少しだけありました。

みんなで線香をあげて、お祈りをしてから捜索を始めました。捜索に参加したのは、CMACの方や、01小隊の男性の隊員数名と、村人数名、私の運転手と通訳、そして私の十数名でした。小隊長のディップ・チューンさんと、シム・ラットさんの遺体は、昨日の葬儀の間に、親戚や村人、CMACの隊員が捜索して、発見されたと聞きました。

発見されていないのは、デマイナーのチョン・ルーンさん一人になりました。チョン・ルーンさんの奥さんと、お母さんと、親戚の方が来て、捜索を見守っていました。私は、奥さんに「必ず発見しますので、木陰で休んでいてください」とお願いしました。

爆発痕《あと》の穴から前方は、まだ地雷探知をしていない地雷原です。まず、地雷探知が終わって安全になった地域を、手分けして捜索しました。誰の遺体の一部か分からない肉片が、あちらこちらで発見されましたが、チョン・ルーンさんの遺体と判定できるものは、なかなか発見できません。発見された肉片などは、すべて茶毘《だび》に付しました。遺骨を集めて、綺麗《きれい》に洗って、布袋に入れました。私は、捜索をしながら、彼らの髪の毛一本でも、すべて拾ってあげたいという心境でした。

安全地帯は、200m四方を捜索しましたが、チョン・ルーンさんの遺体と思われるものは、みつかりません。村人が、「安全地帯には、もうないと思う。地雷原内を探させて下さい」と言ってきました。私は、次の犠牲者が出ることを恐れましたが、CMACのオフィサーに相談して地雷原内も捜索する決心をしました。この土地をよく知っている村人一名と、01小隊の男性デマイナーが捜索を申し出たので、彼らに金属探知機を持たせて、地雷を探知しながら捜索を続けました。

数時間後に、地雷原の中で、チョン・ルーンさんの遺体の一部と判定できるものが見つかりました。木を燃やして遺体を茶毘に付し、待っていた奥さんに遺骨を渡しました。チョン・ルーンさんのその遺骨は、奥さんに大事に抱えられ、村人みんなとゴーヨン（農耕用のトレーラー）に乗って帰って行きました。

供養《くよう》塔をつくる

デマイナーたちの死を「かわいそう」だけで終らせてはなりません。もし、こうした犠牲の上に〝平和構築〟というものが成り立っていくとなれば、それをしっかりと後世に伝えていかなければならないと思いました。それが供養の一端にも、なるのではないか。

彼らを供養したい、彼らを浮かばせてやりたいと私は思いました。

そのために、百年は持つ慰霊碑、供養塔を作りました。それが本当に百年持つかどうかはわかりませんが、私は百年後の人たちに、「百年前には、戦争や内戦があった。村にはたくさんの地雷があって、地雷のせいで怪我をする人が絶えず、村は大変貧乏だった。それに彼ら7名を含む村人が地雷を除去するために立ち向かったとき、不幸にして7名が命を落とした。タサエン村が今こんなに発展したのは彼らの業績なんだ」と言って欲しいのです。百年後の人にそう言ってもらえたら、これもひとつの大きな供養だと思ったのです。

将来、世界から地雷問題がなくなるときがくるかも知れない。しかし当面はなくならないでしょう。もし、なくなったとしても、その記憶までなくすわけにはいきません。そのためにも、メモリアルなものを作る必要性は、カンボジア政府側としても感じてはいたのですが、供養塔の建設までにはさまざまな苦労がありました。

国としてはシェムリアップという場所にメモリアルを作るので、分散させたくない、タサエンの事故だけを特別扱いはできないと言います。

私は、分散もなにもない、これほどの事故は二度と起こしてはいけないし二度と起こさない誓いを表現するためにも、「特別なんだ」と訴えました。もっともっと、これから世界にアピールするときに、事故現場で行事を行うのと、とってつけたような場所でとってつけたような行事を行うのとでは全然訴えるものが違う。供養のためだけでなく、平和のためにも、現地に供養塔を作ることが必要なんだと。

夜寝ていても供養塔の建設のことばかりを考え、疲れ果てていたあるとき、「そうだ！村の人の声を直接CMACの方に伝えよう」と考えました。村人をプノンペンまで連れて行き、直接声を届けたら効果がありました。私の思いや、村人の思いがようやくわかってもらえたようでした。そんな経緯があって、ようやく建設ができたのです。

日本の方々からの寄付もありました。供養塔内には寄付をしてくれた方々の名前を刻みました。

7名が眠る慰霊碑

その供養塔に、8人目は絶対に入れない。

それが私の使命です。そのために、デマイナーたちにも厳しいことを言います。8人目に入るとすれば、それは私しかいません。いずれにしても、私もどこかで「くたばる」。そのときは、分骨をして、私の体の一部をここに納めてもらう形にしてあります。村人にもデマイナーたちにもそう言ってあります。家内や息子たちにもそう言って理解をしてもらっています。私の自己満足かも知れませんが、それも供養のひとつだと思っているのです。

個人的な感情と、公的な感情とがあいまって、具体的にそういうふうな気持ちになったのです。「彼らの死を何倍にもして返したい」事故以降、そういう気持ちなっていったのです。

平和構築という夢

地雷をやりたい。当初私はそれだけを考えていました。それは私の夢でもあったのです。それが、タサエン村という場に出会い、村に住み、現場を体験するうちに、村の自立の必要性を思い、地域復興を考え、平和構築を夢見るまでになっていきました。

支援、その本質は〝被益〟も問題になる。地球に人間が住んでいて、一方はいい生活をしていて、また一方は貧しいとなったときに、いい生活をしているその人が、もう一方の自立のために少し手伝ったらいい。そんな形の〝被益者〟は十人よりも百人、千人、百万人、一億人、そうなったほうがいい。それができるのは、国際的な事業だと思います。

そのために私たちJMASが始めたのが「軍事的能力を平和に利用しよう」ということでした。そんな単純な発想からJMASができていったのです。軍事的能力を平和利用する、それをどんどん進めてゆけば平和構築に繋《つな》がってゆく。私も、最初からそう思っていたわけではなく、ひとつひとつやりながら、「平和構築」という考えにまでたどり着いていったのです。

その具体的なイメージとしては、国連の機関として「戦後処理部門」ができればいいと思います。当然できるべきだと思っています。国連には平和維持活動をする部門は様々あるのに、戦後処理部門はありません。それが一番先にできていなければおかしいくらいなはずなのですが、ないのです。

地球にはこれだけの人がいて、ノーベル賞をもらったりするような頭のいい人もいる。そんな人が一杯いながら、みんなのコンセンサスで「これだ！　これが一番必要だ」というようにはなっていない。やっと今、平和構築という分野でいろいろ研究されているようですが、もっと関心を寄せて欲しいと思います。

「戦後処理部門」を作り、世界中の人々が何らかの形でそれに携われば、戦争を起こそうという気持ちは、無くなるのではないだろうか。地雷問題や不発弾処理も、その一部門にすればいい。それを国連の中でやらなければいけないと思うのです。

そういうような運動が既に世界でなされているでしょうか。それならば私が知らないだけであるとは思いますが、「まだない。できてない」ということは、その必要性のインパクトが弱いのでしょう。できるまでにはそうとうの時間がかかるだろうとは思いますが、ＪＭＡＳという団体が、そこをターゲットに目的、目標を堂々と公表し「今の活動は、そのための活動なんだ」と位置付ければ、非常にわかりやすくなる。ただ「地雷を除《よ》けています。不発弾を除けています。それは怪我をする人がいなくなるようにです」というだけでは、断片的、部分的な話で終ってしまいます。それはもっと大きな夢に、平和構築につながるはずです。目的が定まれば、手段は比較的容易に決まってくる。そうしなければ、せっかくの支援活動も、国際社会の財産になるところまでは成長しないのではと思います。

本当の支援

活動や支援にはやはり目的意識が必要です。

「学校を造りました。喜んでもらいました」

「井戸を掘りました。喜んでいました」

これだけでは自己満足で終ってしまうでしょう。

人間がこの地球の中に住んでいて、素晴らしい生活環境の人もいる、一方では、「これは、人間としての生活には、余りにも気の毒だ」と思えるような、劣悪な環境で生活を強いられ

戦争がない今は幸せです

ている方々もいる。同じ人間でありながら。

それを「若干バランスをとりましょう」というのが支援の本質じゃないかと思うのです。

支援の原点が「かわいそう。困っている」ということから入ると、「喜んでくれて満足した」という程度で止まってしまう。それは支援を、深く掘り下げて考えていない。人間の生活を中心に、そのバランスを若干修正すること、そしてそれを考えて支援することが大事なのではないでしょうか。

カンボジアの人や、タサエンの村人に話を聞くと「戦争がない今は幸せです」という答えが返ってきます。そのことに、私は深い意味があると考えます。

幸せになれるかどうかはわからないとしても、人間の幸せの最低限の条件は、まず戦争がないこと、もうひとつは、人間が最低限度の生活をおくれる自然環境が整うこと。このふたつがあったら、その中で人間の努力次第で幸せに、今のタサエン村のようになれるのではないでしょうか。「今幸せです」とタサエン村の人々は言います。そのことを私は意味深く思うのです。

このふたつのキーワードのうちのひとつ、戦争のない社会、戦争をなくすための事業が、我々、軍事に携わった者が一番効率的にやれることだろうと思うのです。だんだんと考えや思いがそう広がっていったのです。

タサエン村は、２００６年６月に活動を開始して以来、日本政府や多くの日本の方々から、心のこもったたくさんの支援を受けています。現在までに、地雷処理面積約１５０ヘクタール、処理した地雷一五四三個、不発弾六六六個。地域の復興支援では、学校二校、井戸八〇基、道路２㎞、井戸掘り機械一基、その他文房具、楽器、日用品などです。

最近、特に感じることは、それらが村の人たちの自立に本当の意味でつながらなければ意味がないということです。現地で支援に携わる私たちがこの村を去った後、支援で得た成果を継続して更に発展させて頂かなければ、活動の意味がないと思います。一時的な支援の成果であってはならないのです。ハードの部分は、皆さんの支援で達成できますが、その支援に報いるためには、村人がそれらを大切に使ったり、管理したりする「ソフトの部分の定着」がどうしても不可欠です。そのソフトの領域を村に定着させることは、現地でそれに携わる私たちの責任だと思います。

井戸や学校や道路などをたくさん作って村に与えるだけで「地域の復興だ」と考えるのであれば、それは大変な勘違いです。一時的には復興したかに見えますが、またもとの状態になってしまうと容易に想像できます。例えば現在、タサエン地区に井戸が八〇基ほど建設されていて、村の皆さんが使っていますが、その八〇基すべてが使える状態にあるわけではありません。いつも、平均して数基が故障しています。それは私たち現地にいる者が、かなりやかましく啓蒙《けいもう》をして（現段階では、まだ我々が管理をアドバイスしなければならない状態）、やっとその程度なのです。井戸を掘るだけで、管理するというソフトの部分がなければ、おそらく今頃、八〇基の内の多くが廃井戸になっていると思います。

ハードの部分を与えるだけの支援は、「依存心を助長するだけ」の支援にしかならないと思います。彼らが、どうしてもできない部分を手伝えばいいし、一番重要なのは、ハードとソフトの部分のバランスをよく考えて、自立につながる支援かどうかを見極めることだと思います。このソフトの部分の定着には、かなりの時間がかかるので、根気よく、長期的な視野に立って見ていかなければならないと思います。

支援には、「支援する側の責任」があり、また「支援を受ける側の責任」があると思います。両者が旨《うま》く嚙《か》み合わないと、正しい支援にはならない。

タサエン村の人々にもそう言いたいのです、「あなたたちも、支援を受ける以上は、それだけの責任も伴いますよ」と。それだけの心構えもいる、ただで支援を受けるわけにはいかないということを。棚ボタじゃないんだと。自分たちの責任も感じない、本質に触れようともしない。それだったら支援を受ける資格もないんだということを考えて欲しいのです。

支援をする側にも、同じことを私は言いたい。「支援をする以上はお遊びでやるな。偽善者として、あるいは格好がいいからなど、そんなわけのわからない理由で支援をするのは正しい支援者じゃない」と。支援をした以上は、かなりの期間、そこに関心を継続しなければならない。場合によっては、モニタリングや、追跡調査などをすることが重要だと思います。

中途半端な支援はだめです。大々的に物を送れという意味ではなく、「物と心が合体」して支援だということを理解してもらいたいのです。日本からの支援でも「それはビジネスでしょう?」というようなものもある。なんでもかんでもお金にしてやってしまう、そういう支援に対する怒りもあります。そういったビジネス的手段だけでは、支援はやはり成り立たないでしょう。それはただの「手段」であり、「目的」が抜け落ちているように思うのです。

人間の生活の最低限のバランスをとるということ。そこに触れる人を、私は今まで聞いたことがありません。私も最初からこう思っていたなどと言う気はさらさらありません。それはひとつひとつやっていく中で、タサエン村という場所で、足掛け八年やっていった中で、現場に何時《いっ》もいたから教えられたことです。そこに今辿《たど》り着いたわけです、平和構築という夢に。そうしてそこからさらにまたインプルーブ (improvement 改善・進歩) するのかも知れません。

地雷の現状と誤解

地雷のこと、その被災者のことは、マスコミなどを通して、ある意味で広く知られるようになったと思います。しかし、それで「すべてを知った。すべてが伝わった」わけではありません。あくまでそれは一部分にすぎないのです。

例えば、子供の被災者はもう激減しているのです。それが、テレビなどでは「子供、子供」とそこだけをクローズアップする。カンボジアの子供はみんな地雷の被害にあっているというような、誤解を招くような表現をします。現実とは違った誤解を招くような報道がされているのです。「事実はこうですが、一部子供の被害もある」となればいいのですが、現状は「地雷は罪のない子供を……」という話になってしまうのです。罪がないのは大人も子供も一緒です。

「地雷」と書けば売れるので地雷と書く。では「不発弾」と書いたらどうかと言えばあまりインパクトがない。しかし地雷も不発弾も同じ危険物であり戦後処理の対象物なのです。

それを全部「地雷」と言ってしまう。不発弾も含めて地雷というふうに総称されてしまう。英語の文章でも事情は同じで、数年前まですべて地雷を表す「マイン（mine）」でした。しかし最近ではそれが若干見直され、地雷と不発弾を分けて考えようという思想ができ「Mine & UXO（Unexplosive Ordnance　不発弾）」という文章になってきつつあります。

長い期間、「地雷」を状況をあらわす代表的な言葉として使っていたので、それは情報の正しい与え方ではなかったと思います。それにもうひとつ、「お涙頂戴」形式があまりにも多かったのもよくなかった。それが誤解を招くことになったのかも知れません。事実関係をしっかり伝えることが大事で、今でもテレビなど、お涙頂戴の領域から抜けないものも多く見受けます。

タサエンの村民が畑で地雷被災したのはこの三年間で二人だけです。アピールするためにも報道されること自体は否《いな》めない部分もありますが、本質的なことをしっかりとアピールしていったほうがいいと思います。

第一一章　これまで・これから

「高山さんはそう簡単に言うけども、あなたみたいなことは、みんなができるわけじゃないんですよ」と言われることがよくあります。そう言われればそうだろうなあとも思います。

普通は定年になったらそれで終りなのかも知れません。同級生や身近な人も、カンボジアへ行くという私に「お前は馬鹿か?」「金なんぼもらうんや?」と言いました。

「金なんかもらうわけないやないか」

「持ち出しかいや?」

「そうらぁ」

「それで生活できるんか?」

「そんなこと考えてねぇがなあ」

そう言っていた人たちも自分が定年になると「お前はええなあ。生きがいを見つけてええなあ、おれなんか今からなんもできんわい」と言うのでした。

銭勘定で動いていたら何もできないでしょう。活動を始めた最初の頃の話ですが、「お前は奥さん置いて収入ないのに無茶苦茶なことするなあ」と……、言われればそれはそうかもしれません。でも――

「そんなこと考えとらんがなあ、行くとこまでいくがなぁ」

「女房には、三食、食うコメが無くなったら、帰国して食わせるので、心配するなと、言ってあるわい」と、勝手なことを当時は言っていました。

そんな調子で私は、今、まさに「人生の本番」を生きているのです、第二の人生ではなくて。それまではいろんなことで規制があり、その規制を取り払って好きなことを思う存分にすることは、なかなかできなかった。

長い短いじゃなく、人生の本番を生きることができていることは恵まれているのかも知れません。

しかし私自身、真正面から「なぜそのようにできるのか?」と問われたら、その答えは「よく分からない……」という答えしかありません。ＰＫＯの経験？　カンボジアの人が好きだから？　タサエン村という場所に巡り合えたから？
「これだ」と言ったら、それは作った話になりそうです。「よく考えてみたら、それはわからんなあ」というのが実感なのです。

子供の頃を思い返してみても、思い当たる節はありません。いつの頃からこんふうになったのかと思うのですがよくわからない。ＰＫＯの経験は確かに大きかったけれど、それまでは比較的淡々とやっていたと思います。特に高校生くらいまでは目立つわけでもなく、ほんとうに田舎《いなか》者として暮らしていました。今の自分が、自分でも「おかしいなあ」と思うのです。

「カンボジアに帰りたい」というところからはじまり、地雷処理をやりたいになり、住民参加、村の復興、自立、平和構築の夢へとつながるとは思ってもいないことでした。

格好良くやろうとしても、長いことやっていればどうせ「地」がばれるのだから、最初からひっくり返っていたほうがいい。いつも地でいて、地で行くのが一番楽で長続きする。自然体が一番いい。「信念に基づく自然体」、それしか私にはないのです。

また、ありがたいのは、手本になる人に出会えることです。タサエン村にいるといろんな人が向こうから来てくれます。私には特別な能力はありませんが、世間には、本当にすごい能力を持った方がいます。そういう人たちに出会いながら、自分を見つめ直すことができます。日本人だけじゃなく、いろんな国の方と、いろんな形でお会いすることができることは大変にありがたいことです。

私はカンボジアという場に出会い、タサエンという素晴らしい村に出会えた。現場を見て、現場から学んだ。そこからまた、やりがいや、生きがいをもらったのです。

人はそれぞれ、その状況の中で生きています。その中にそれぞれの現実があります。現実を直視することがまず大事だと思います。その現実の中から本質を見ていかなければなりません。

例えば、タサエン村に埋められている地雷は、村人たち自身が埋めたものだという現実があります。それはクメールルージュ（ポルポト軍）に命令されて埋めたものでもあり、自分たちの身を守るためでもありました。

後先を考えずに地雷を埋めたことを非難することは、たやすいことです。信念を通して「いけないものは、いけない」と言い続けるのは立派なことかも知れません。でもそれは、自分自身を守るためにやったことだという現実を忘れてはいけません。人間というのも、ひとつの動物的感覚で、死にたくないし幸福になりたいと思う、それは本能だと思います。向こうから戦車が来たら、対戦車地雷を埋めて来られないようにしようとする。それがいいとか悪いとか考えていられるような状況にはないことを見なければなりません。それを見ずに軽々に非難することは、非現実的な考え方でしょう。

あるラジオの番組に出演したとき、対談相手の女性が、「高山さん、この世界から戦争がなくなると思いますか?」と尋ねました。私は「思いません」と正直に答えました。

現実を直視すること、いいとか悪いとか何かをそこに「かぶせないで」現実を直視することが大事だと思います。希望や何かをかぶせず、ストレートに「自分はそう思う」とはっきり言うべきだと思うのです。地雷を埋めたことを単純に非難する前に、現実を感じる能力が必要だと思います。

ひとつの大きな流れの中に入ったらどうすることもできない。ある人は、クメールルージュが怖いから村から逃げて、辿《たど》り着いたところで、畑で仕事をしろと言われそうしていると、そのうちに鉄砲を持たされ、気がつけば、好むと好まざるとにかかわらず、クメールルージュから逃げたのに、いつの間にかクメールルージュ軍の兵隊になっていたといいます。そういった現実はたくさんあったのです。「私はポルポト軍の兵隊になります」といって入った人は、私が村人にインタビューをした人の中にはほとんどいない。一三歳や一四歳くらいで、村長などから「勉強会」に入れと言われ、思想教育を受けた後に「君は軍隊に入りますか」と言われれば、みんな「はい、軍隊に入ります」となってしまうのも仕方がないことでしょう。そうして銃を持たされて、ロンノル軍と戦ったのです。

タサエン村の村人はみんな元クメールルージュです。非常に純真な人々で、私にはとても心地がいい。邪《よこしま》な考えを持つことはまずないので、どんなこともストレートに受けられるのです。「こいつは何を考えてるんだ?」と考えなければいけない場合もあるでしょうが、タサエンの村人の場合、まずありません。そういったことが私の性格に合ったのか、心地よく、タサエン村が故郷のようになっていったのです。

これからは、人の交流ということが大変重要になってきます。前述どおり、幸いにも私が

故郷のような村の子供たち

活動しているカムリエン郡内の高校と青森の光星学院高校が姉妹校になる準備をしています。うれしいことに留学生も1名受け入れてくれる提案も頂きました。一年半前から日本語を教えていたことが役に立ちました。うまくいけば4月からカンボジア人の高校生が日本の高校で学ぶことになるでしょう。

さらには愛媛県とバッタンバン州の友好協会設立の構想もでてきました。姉妹県に発展することも夢ではないと思います。そして、子供たちの交流や、文化、スポーツ、産業など様々な領域で活発な交流が進めば、両者にとって多くの素晴らしい結果が生まれると信じています。

第一二章　未来へ・タサエン村から

タサエン村から

一個小隊三三名が一カ月デマイニングをすると約1ヘクタールの土地がクリアになります。三個小隊で一カ月に3ヘクタール。ロスタイムを差し引いたとしても、年間30数ヘクタール、三年間で約100ヘクタールの安全な農地ができます。

もちろん農地としてだけでなく、学校も建てられる。お寺もできる。道もできる。

地雷を処理するということは、ひとつは被災者を減少させること、もうひとつは安全な土地を人間が再利用できるようにすることです。

住民参加型の地雷処理、村人がデマイナーとして自ら地雷を処理することは、それだけで確実な啓蒙《けいもう》になっています。この三年間、あの事故を除けば地雷で被災をした人は二人だけです。

タサエン村に来て、さまざまなことをやりました。地雷処理からはじまり、村の復興、自立へ。そこから派生した効果は相当なものだと思います。それは「住民参加型」だったからできたことです。

プロが雇われて、村で一カ月間地雷処理をすれば、確かにもっと効率よく地雷は減り、被災は減るでしょう。安全な土地も確保できるでしょう。しかし、プラスアルファの大事なものは、その中から派生していなかったと思います。住民参加型というのは本当に意味のあることだと思います。

タサエン村が未来へつながる、平和構築という未来へ、戦争のない未来へ——大きなメッセージになればいい。その見本になればいい。

ありがたいことに、平和構築に対しての、アプローチのわかりやすい現場として、タサエン村を捉《とら》えてくれる人も現れてきています。日本のある国際問題研究所の研究員が二泊三日でタサエン村に来て研究されました。平和構築の題材、現場としてタサエン村を非常に高く評価してくれて、「本当にわかりやすい現場だ」「村人自らが紛争後の村の復興に直接参加して、平和構築を代表しているような現場だ」と言われました。アメリカで研究発表すると非常に興味を持たれたといいます。それはひとつは住民が参加して地雷処理をしていること、もうひとつは女性が非常に多く参加していること、そのことが非常に興味を持たれたという話でした。世界に同じようなところがたくさんあるかと聞いたら、「そんなにないんです」という返事でした。

こうなることは最初は考えもつかなかったことです。「地雷、地雷」「水、水」と、その場そのとき、必要なことを、行き当たりばったりでどんどんやっていたら、研究者にも注目してもらえるようになっていました。私は本当言ったらこれを狙《ねら》っていたのかも知れません。ここから平和構築という未来を世界に広げていくことを。

タイの軍人が慰霊祭でタサエン村に来たとき、はじめて住民参加型地雷処理というのを見て、女性が多いことや、復興している様子を見て、「これはうちも取り入れたいなあ」と思ったようでした。タサエン村の周辺の他のコミューンも、「タサエンはいい」とみんなが言い出していています。「うちの村でも井戸を掘ってくれないか」と。みんなから、ひとつの「良いサンプル」として、モデル地域として見られ、そこから平和構築へと派生していくことができればいい。注目を浴びなかったら派生は起きないでしょう。それを目的としてやっているわけではないけれど、本当の、一番大きな目的はそこら辺りにあるのかもしれません。

大豆の芽が出た

デマイナーたちがきれいにした土地に大豆の種が蒔《ま》かれました。

それは私にとって、「夢の種」でもあります。たぶん私が生きている間は、戦争のない未来、平和な未来、そこまでの夢が叶《かな》うことは無いでしょう。しかし種は蒔けるんじゃないか。平和の種くらいは蒔けるかも知れない。実に私は「種蒔き」だと思います。夢の、「夢の種蒔き」だと。

土を押しのけて大豆の芽が顔を出しています。実にホッとさせる光景です。

ここは、数カ月前に地雷を除去した土地です。沢山の地雷を探知して、爆破処理をしました。竹藪《たけやぶ》と雑木だったこの場所の地雷探知は実に根気がいりました。今は、村人によって開墾され、畑としてはまだまだこれからですが、手始めに早速、種が蒔かれ、大豆の芽が顔を出しました。

あとがき

「高山さん、本を書いてくれませんか。あなたが、今やっていることを、私はもっと知りたい、そして、多くの日本の方にも知って欲しいのです」

活動地であるタサエン集合村を訪れたある日本の方から頼まれました。その方は、二泊三日の間、我々の宿舎に泊まり、村での我々の活動をつぶさに見ていました。

私は、その依頼に、少し躊躇《とまど》いましたが、折角のことなのでお受けすることにしました。

暫《しばら》くして、今度は、「テレビで、あなたのドキュメンタリー番組を見ました。とても感動しました。それで、是非、本を書いて欲しいのですが」とのご依頼がありました。先に依頼をしてくれた方にも、そのことを相談しました。「高山さんの生き様や考え方、活動を皆さんに知ってもらえれば、それでいいのです。その方の依頼を是非、受けて下さい」とのお返事でした。そんなことがきっかけで、この本を書くことになりました。

1992年から93年に、カンボジアPKOに出会い、その強烈な体験によって、これまでの人生観や価値観が一変しました。そのPKOの任務が終わって、一〇年後に再びカンボジアに帰って来て、もう、八年近くの歳月が流れました。再びカンボジアに帰って来るという私の最初の夢は、JMASの活動準備と共に、その一員として、幸運にも実現し、地雷処理活動を立ち上げるという次の夢も、困難な状況はありましたが、多くの方々の協力で実現することができました。

この間、様々なことがありました。一番辛《つら》かったことは、やはり、7名の隊員を地雷処理中の事故で亡くしてしまったことです。事故直後は、正常な精神状態でいられるかどうか、自信がありませんでした。残された多くのデマイナー達は、トラウマ状態になってしまい、食事もできず、眠ることもできない状態が続きました。デマイナー達だけではありません。亡くなったデマイナーにいつも可愛がられ、慕っていた妹や、近所の子供達までも、精神的におかしくなっていました。私は、7名の葬儀後も、毎日、亡くなった隊員や、残された隊員の家に行きました。できるだけ、家族や隊員の心のケアーをしたかったのです。

また、カンボジアに来てすぐに、精神障害と思われる病気に陥り、長くそれと闘いながら活動したことは、本当に苦しいことでした。


また、うれしいこともたくさんありました。カンボジアPKO以来、夢にまで見たカンボジアに再び帰って来れたこと、そして、不発弾処理活動が開始できたこと、活動開始して間もなく、カンボジアにおけるJMASの活動がカンボジア政府から正式に認められるMOU(Memorandum of Understanding 交換公文)をもらったことや、困難と思われた地雷処理活動が開始されることになったこと、また、私の周りには、いつもデマイナーや、村の子供たちや、村人、そして、通訳など一心同体で活動している仲間がいます。そんな環境で、ぜいたくな夢を見ながら、日々活動できることに無上の幸せを感じています。

カンボジアでの活動を夢見、地雷処理活動を夢見、紛争後の地域の自立復興を夢見、そして、ホラ吹きと思われるかもしれませんが、平和構築の種まきの夢を見ています。

この間における多くの方々のご協力に心から感謝をしています。中でも、私のカンボジアでの活動を親身になって心配され、地元愛媛《えひめ》での支援活動に当初から携わって下さっています、秀野信夫様、井伊眞幸様に心からお礼申し上げます。また、私をカンボジアに行かせてくれた妻の里枝と息子たちに、更には、活動全般を支えて下さっていますJMASスタッフの皆様に、感謝申し上げます。

また、この本の執筆を強く薦めて下さり、ご指導下さった大塚敦子様、そして、編集を担当して下さった、筑摩書房の高田俊哉様、茢田清二様に感謝いたします。

合掌

2009年10月

高山良二

ちくまプリマー新書

041
日本の歴史を作った森
立松和平
法隆寺や伊勢神宮などの日本の木造文化は、豊かな森により支えられてきた。木曾ヒノキが辿った歴史を振り返りながら三百年後の森を守ることの意味を問いかける。

086
若い人に語る戦争と日本人
保阪正康
昭和は悲惨な戦争にあけくれた時代だった。本書は、戦争の本質やその内実をさぐりながら、私たち日本人の国民性を知り、歴史から学ぶことの必要性を問いかける。

125
はじめての坂本龍馬
齋藤孝
新鮮な希望とビジョンを示し、自分が持つ憧れを出会う相手に感染させ、日本の方向性を変える大仕事につなげていった龍馬。自分の人生を切り開いていく術を学ぶ！

129
15歳の東京大空襲
半藤一利
昭和十六年、東京下町の向島。すべてが戦争にくみこまれる激動の日々が幕をあけた。戦時下を必死に生きた一少年が何を考え、悩み、喜び、悲しみ、どう生きぬいたかの物語。

005
事物はじまりの物語
吉村昭
江戸から明治、人々は苦労して新しいものを取り入れ、初めてのものを作りだした。歴史小説作家が豊富な史料を駆使して書いたパイオニアたちのとっておきの物語。

ちくまプリマー新書

116 ものがたり宗教史　浅野典夫

宗教は世界の歴史を彩る重要な要素のひとつ。異文化への誤解をなくし、国際社会の中での私たちの立ち位置を理解するために、主要な宗教のあらましを知っておこう。

003 死んだらどうなるの？　玄侑宗久

「あの世」はどういうところか。「魂」は本当にあるのだろうか。宗教的な観点をはじめ、科学的な見方も踏まえて、死とは何かをまっすぐに語りかけてくる一冊。

043 「ゆっくり」でいいんだよ　辻信一

知ってる？　ナマケモノが笑顔のワケ。食べ物を本当においしく食べる方法。デコボコ地面が子どもを元気にするヒミツ。「楽しい」のヒント満載のスローライフ入門。

048 ブッダ――大人になる道　アルボムッレ・スマナサーラ

ブッダが唱えた原始仏教の言葉は、合理的でとってもクール。日常生活に役立つアドバイスが、たくさん詰まっています。今日から実践して、充実した毎日を生きよう。

002 先生はえらい　内田樹

「先生はえらい」のです。たとえ何ひとつ教えてくれなくても。「えらい」と思いさえすれば学びの道はひらかれる。――だれもが幸福になれる、常識やぶりの教育論。

ちくまプリマー新書

ちくまプリマー新書

010
奇跡を起こした村のはなし
吉岡忍
豪雪、大水害、過疎という苦境を乗り越え、農業と観光が一体化した元気な姿に生まれ変わった黒川村。小さな町や村が、生き残るための知恵を教えてくれる一冊。

013
変な子と呼ばれて
――ミッシェル・近藤の人生
吉永みち子
子供のころから女装や化粧を好んだミッシェルは、変な子と言われ続けた……。身体と心の性が異なる一人のピアニストの波乱の人生を通して、性とは何かを考える。

019
こころの底に見えたもの
なだいなだ
ヒステリー、催眠術、狐憑き、トラウマ、こころの底は不思議なことばかり。精神分析を作り出したフロイトがそこで見たものは？　心理学誕生の謎を解き明かす。

020
〈いい子〉じゃなきゃいけないの？
香山リカ
あなたは〈いい子〉の仮面をかぶっていませんか？　時にはダメな自分を見せたっていい。素顔のあなたのほうがずっと素敵。自分をもっと好きになるための一冊。

079
友だち幻想
――人と人の〈つながり〉を考える
菅野仁
「みんな仲良く」という理念、「私を丸ごと受け入れてくれる人がきっといる」という幻想の中に真の親しさは得られない。人間関係を根本から見直す、実用的社会学の本。

ちくまプリマー新書

122
社会学にできること
西研
菅野仁
社会学とはどういう学問なのか。社会を客観的にとらえるだけなのか。古典社会学から現代の理論までを論じ、自分と社会をつなげるための知的見取り図を提示する。

091
手に職。
森まゆみ
職人たちはなぜその仕事を選んだのか。仕事のどこが大変で、どうやって一人前になったか。理屈では語れないモノつくりの世界の喜びが、その人生談から滲み出す。

094
景気ってなんだろう
岩田規久男
景気はなぜ良くなったり悪くなったりするのだろう？アメリカのサブプライムローン問題が、なぜ世界金融危機につながるのか？　景気変動の疑問をわかりやすく解説。

011
世にも美しい数学入門
藤原正彦
小川洋子
数学者は、「数学は、ただ圧倒的に美しいものです」とはっきり言い切る。作家は、想像力に裏打ちされた鋭い質問によって、美しさの核心に迫っていく。

012
人類と建築の歴史
藤森照信
母なる大地と父なる太陽への祈りが建築を誕生させた。人類が建築を生み出し、現代建築にまで変化させていく過程を、ダイナミックに追跡する画期的な建築史。

ちくまプリマー新書

054 **われわれはどこへ行くのか？**

松井孝典

われわれとは何か？　文明とは、環境とは、生命とは？世界の始まりから人類の運命まで、これ一冊でわかる！壮大なスケールの、地球学的人間論。

087 **遺伝子がわかる！**

池田清彦

遺伝子という言葉は誰でも知っているが、誤解も多い。DNAは生物の設計図ではないし、獲得形質は遺伝する。今までの生物観をひっくり返す読み応え十分の入門書。

104 **環境問題の基本のキホン**
――物質とエネルギー

志村史夫

科学的根拠があるとは思えない「地球温暖化」などの環境問題。真の解決のためには、政治的、経済的にではなく、〈科学的に〉考えよう。文系でもわかる入門書。

120 **文系？　理系？**
――人生を豊かにするヒント

志村史夫

「自分は文系（理系）人間」と決めつけてはもったいない。素直に自然を見ればこんなに感動的な現象に満ちている。「文理（芸）融合」精神で本当に豊かな人生を。

123 **ネットとリアルのあいだ**
――生きるための情報学

西垣通

現代は、デジタルな情報がとびかう便利な社会である。にもかかわらず、精神的に疲れ、ウツな気分になるのはなぜか？　人間の心と身体を蘇らせるITの未来を考える。

ちくまプリマー新書

027
世にも美しい日本語入門
安野光雅
藤原正彦
七五調のリズムから高度なユーモアまで、古典と呼ばれる文学作品には、美しく豊かな日本語があふれている。若い頃から名文に親しむ事の大切さを、熱く語り合う。

097
英語は多読が一番!
クリストファー・ベルトン
渡辺順子訳
英語を楽しく学ぶには、物語の本をたくさん読むのが一番です。単語の意味を推測する方法から、レベル別本の選び方まで、いますぐ実践できる、最良の英語習得法。

053
物語の役割
小川洋子
私たちは日々受け入れられない現実を、自分の心の形に合うように転換している。誰もが作り出し、必要としている物語を、言葉で表現していくことの喜びを伝える。

106
多読術
松岡正剛
読書の楽しみを知れば、自然と多くの本が読めます。著者の読書遍歴をふりかえり日頃の読書の方法を紹介。さまざまな本を交えながら、多読のコツを伝授します。

X01
包帯クラブ
——The Bandage Club
天童荒太
傷ついた少年少女たちは、戦わないかたちで、自分たちの大切なものを守ることにした……。いまの社会をいきがたいと感じている若い人たちに語りかける長編小説。

ちくまプリマー新書132

地雷処理《じらいしょり》という仕事《しごと》――カンボジアの村《むら》の復興記《ふっこうき》

二〇一〇年三月十日　初版第一刷発行
二〇二五年一月十五日　初版第四刷発行

著者　高山良二（たかやま・りょうじ）

装幀　クラフト・エヴィング商會
発行者　増田健史
発行所　株式会社筑摩書房
東京都台東区蔵前二-五-三　〒一一一-八七五五
電話番号　〇三-五六八七-二六〇一（代表）
印刷・製本　中央精版印刷株式会社

ISBN978-4-480-68833-0 C0236 Printed in Japan